胶州湾汞的分布及迁移过程

杨东方　陈　豫　著

海洋出版社

2016年·北京

内 容 提 要

本书创新地从时空变化来研究汞(Hg)在胶州湾水域的分布和迁移过程。在空间的尺度上,通过每年汞的数据分析,从含量大小、水平分布、垂直分布和季节分布的角度,研究汞在胶州湾水域的来源、水质、分布以及迁移状况,揭示了汞的迁移过程、机制和规律。在时间的尺度上,通过五年汞的数据探讨,研究有机农药汞在胶州湾水域的变化过程,展示了汞的迁移过程和变化趋势:①含量的年份变化;②污染源变化过程;③陆地迁移过程;④水域迁移过程;⑤沉降过程。这些规律和变化过程为研究汞在水体中的迁移提供理论基础,也为其他有机化合物在水体中的迁移研究给予启迪。

本书共分为14章。主要内容为汞在胶州湾水域的来源、分布和迁移状况以及汞的迁移规律、迁移过程和变化趋势等。

本书适合海洋地质学、环境学、化学、物理海洋学、生物学、生物地球化学、生态学、海湾生态学和河口生态学的有关科学工作者和相关学科的专家参阅,适合高等院校师生作为教学和科研参考。

图书在版编目(CIP)数据

胶州湾汞的分布及迁移过程/杨东方,陈豫著. —北京:海洋出版社,2016.6
ISBN 978 - 7 - 5027 - 9310 - 4

Ⅰ.①胶… Ⅱ.①杨… ②陈… Ⅲ.①黄海 - 海湾 - 汞污染 - 研究 Ⅳ.①X55

中国版本图书馆 CIP 数据核字(2016)第 131229 号

责任编辑:鹿 源
责任印制:赵麟苏

海洋出版社 **出版发行**

http://www.oceanpress.com.cn

北京市海淀区大慧寺路 8 号 邮编:100081
北京华正印刷有限公司印刷 新华书店北京发行所经销
2016 年 6 月第 1 版 2016 年 6 月第 1 次印刷
开本:787 mm×1092 mm 1/16 印张:9.5
字数:230 千字 定价:38.00 元
发行部 62132549 邮购部 68038093 总编室 62114335

海洋版图书印、装错误可随时退换

作者简历

　　1984 年毕业于延安大学数学系(学士);1989 年毕业于大连理工大学应用数学研究所(硕士),研究方向:Lenard 方程唯 n 极限环的充分条件、微分方程在经济管理生物方面的应用;1999 年毕业于中国科学院青岛海洋研究所(博士),研究方向:营养盐硅、光和水温对浮游植物生长的影响,专业为海洋生物学和生态学;同年在中国海洋大学化学化工学院和环境科学与工程研究院做博士后研究工作,研究方向:胶州湾浮游植物的生长过程的定量化初步研究。
2001 年出站后到上海水产大学工作,主要从事海洋生态学、生物学和数学等学科教学以及海洋生态学和生物地球化学领域的研究。2001 年被国家海洋局北海分局监测中心聘为教授级高级工程师,2002 年被国家海洋局第一海洋研究所聘为研究员。2004 年 6 月被核心期刊《海洋科学》聘为编委。2005 年 7 月被核心期刊《海岸工程》聘为编委。2006 年 2 月被核心期刊《山地学报》聘为编委。2006 年 11 月被温州医学院聘为教授。2007 年 11 月被中国科学院生态环境研究中心聘为研究员。2008 年 4 月被浙江海洋学院聘为教授。2009 年 8 月被中国地理学会聘为环境变化专业委员会委员。2011 年 12 月被核心期刊《林业世界》聘为编委。2011 年 12 月被聘为浙江海洋学院生物地球化学研究所所长。2012 年 11 月被国家海洋局闽东海洋环境监测中心站聘为项目办主任。2013 年 11 月被贵州民族大学聘为教授。曾参加了国际 GLOBEC(全球海洋生态系统研究)的研究计划中的由十八个国家和地区联合进行的南海考察(在海上历时三个月);在国际的 LOICZ(沿岸带陆海相互作用研究)的研究计划中参加黄海、东海的考察及在国际 JGOFS(全球海洋通量联合研究)的研究计划中参加黄海、东海的考察。而且也多次参加了青岛胶州湾,烟台近海的海上调查及获取数据工作。参加了胶州湾、浙江近岸等水域的生态系统动态过程和持续发展等课题的研究。目前,正在进行西南喀斯特地区、胶州湾、浮山湾和长江口以及浙江近岸水域的生态、环境、生物地球化学过程的研究。

六六六(HCH)的含量在海域水体中分布的均匀性,揭示了在海洋中的潮汐、海流的作用下,海洋具有均匀性的特征。就像容器中的液体,加入物质,不断地摇晃、搅动。潮汐就像垂直摇晃,而海流就像水平搅动。随着时间的推移,使物质的含量在液体中渐渐地均匀分布。这样,海洋的潮汐、海流对海洋中所有物质的含量都进行搅动、输送,使海洋中所有物质的含量在海洋的水体中都非常均匀地分布。在近岸浅海主要靠潮汐的作用;在深海主要靠海流的作用,当然还有其他辅助作用,如风暴潮、海底地震等。所以,随着时间的推移,海洋尽可能使海洋中所有物质的含量都分布均匀,故海洋具有均匀性。

可爱的大海如此伟大,我却如此渺小。

杨东方

摘自《胶州湾水域有机农药六六六的分布及均匀性》

海岸工程,2011,30(2):66-74.

随着工业、农业、城市生活的迅速发展,人类大量使用了汞(Hg)。于是,汞污染了环境和生物。一方面,汞污染了生物,在一切生物体内累积,而且,通过食物链的传递,进行富集放大,最后连人类自身都受到重金属汞毒性的危害。另一方面,汞污染了环境,经过河流和地表径流输送,污染了陆地、江河、湖泊和海洋,最后污染了人类生活的环境,危害了人类的健康。因此,人类不能为了自己的利益,既危害了地球上其他生命,反过来又危害到自身的生命。人类要减少对赖以生存的地球排放和污染,要顺应大自然规律,才能够健康可持续地生活。

杨东方

序　言

　　汞常被用于医疗器械、冶金、化药生产、电子等工业领域,也被应用在农业用药、日常生活等用品中。这样,汞污染的陆源来源主要包括三个大的方面:工业、农业、城市生活。首先,煤、石油和天然气的燃烧释放出大量的含汞的废气和废渣。而且,氯碱工业、塑料工业、电子工业、混汞炼金等也排放大量的含汞废水。其次,在农业上,污水灌溉和施用含汞农药也是污染的重要来源。最后,随着城市化进程的加快,城市人口的增加,大量的生活垃圾也排放出大量的汞。由于汞毒性大,难分解,分布广,危害重,汞在大量使用的同时也给环境造成难以修复的危害。而且,汞及其化合物具有较强的生物毒性,其化学性质稳定,在环境中残留持久,不易降解,在生物体内累积,通过食物链传递已构成了对人类和生态系统的潜在危害。因此,对汞在水体中的迁移规律、迁移过程和变化趋势等研究,为汞及汞化合物的研究提供了扎实的理论基础,也为消除汞及汞化合物在环境中的残留、治理汞及汞化合物的环境污染提供理论依据。

　　本书获得贵州民族大学博点建设文库、"贵州喀斯特湿地资源及特征研究"(TZJF - 2011 年 -44 号)项目、"喀斯特湿地生态监测研究重点实验室"(黔教全 KY 字[2012]003 号)项目、教育部新世纪优秀人才支持计划项目(NCET - 12 - 0659)项目、"西南喀斯特地区人工湿地植物形态与生理的响应机制研究"(黔省专合字[2012]71 号)项目、"复合垂直流人工湿地处理医药工业废水的关键技术研究"(筑科合同[2012205]号)项目、水库水面漂浮物智能监控系统开发(黔教科[2011]039 号)项目、基于场景的交通目标行为智能描述[2011]2206 号、水面污染智能监控系统的研发(TZJF - 2011 年 -46 号)项目、基于视觉的贵阳市智能交通管理系统研究项目、贵阳市水面污染智能监控系统的研发项目、基于信息融合的贵州水资源质量智能监控平台研究项目、贵州民族大学引进人才科研项目([2014]02)、土地利用和气候变化对乌江径流的影响研究(黔教合 KY 学[2014]266 号)、威宁草海浮游植物与环境因子关系(黔科合 LH 字[2014]7376 号)以及浙江海洋学院出版基金、浙江海洋学院承担的"舟山渔场渔业生态环境研究与污染控制技术开发"、海洋渔业科学与技术(浙江省"重中之重"建设学科)和"近海水域预防环境污染养殖模型"项目、海洋公益性行业科研专项——浙江近岸海域海洋生态环境动态监测与服务平台技术研究及应用示范(201305012)项目、国家海洋局北海环境监测中心主任科研基金——长江口、胶州湾、莱州湾及其附近海域的生态变化过程(05EMC16)的共同资助下完成。

　　在书中,有许多方法、规律、过程、机制和原理,它们要反复应用,解决不同的实际问题和阐述不同的现象和过程。于是,出现许多次相同的段落。同时,有些段落作为不同的条件,来推出不同的结果;有些段落来自于结果,又作为条件来推出新的结果。这样,就会出现有些段落的重复。如果只能第一次用,以后不再用,这样在以后的解决和说明中就不完善,无法用充分的依据来证明结论,而且方法、规律、过程、机制和原理就变得无关紧要了。在书中,每一章都是独立地解决一个重要的问题,也许其中有些段落与其他章节中有重复。如果将重复的删除,内容显得苍白无力、层次错乱。因此,作者尽可能地要保证每章内容的逻辑性、条理性、独立性、完整性和系统性。

作者通过胶州湾水域的研究(2001—2013 年)得到以下主要结果:

(1)根据重金属汞的含量大小、水平分布、垂直分布和季节分布,研究发现,在一年中,胶州湾东北部海域春季污染较为严重,西南部的污染程度相对较轻;春季和夏季的表层汞含量大于底层含量,秋季时底层汞含量高于表层含量;而且春季汞污染较为严重,秋季水质状况最好。在一年中,春季汞的表层含量比较高,夏季汞的表层含量比较低,秋季更低。

(2)研究发现,在胶州湾东部近岸,有 3 个汞的重度污染源:海泊河、李村河和娄山河的河口区,在近岸水域有两个汞的轻度污染源:薛家岛的两侧;在胶州湾近岸水域。胶州湾海域表层水和底层水中汞含量分布的变化,表明了汞入海后沉降较快,在胶州湾近岸水域沉降。

(3)在 4—11 月期间,在胶州湾水体中汞的含量都发生了许多变化,有的在增加,有的在减少。在 4 月、7 月和 9 月,汞的含量在增加;在 5 月、6 月、8 月、10 月和 11 月,汞的含量都在减少。从 4 月到 11 月汞在胶州湾水体中的含量,最高值和最低值的相差是 5 个数量级,表明在胶州湾水体中汞含量的变化是非常大的。

(4)研究发现,一年中,在胶州湾水体中汞的含量变化有三种类型,展示了人类活动造成了胶州湾水体中汞的严重污染,经过海水的净化过程,使水体中汞的含量又恢复到原来的清洁水域的要求。就这样进行污染、净化、又污染、又净化的反复循环的过程。当然,如果没有污染,胶州湾水体中汞的含量一直保持着清洁水域的要求。

(5)根据汞在胶州湾水域的水平分布和污染源变化,确定了在胶州湾水域汞污染源的点源、位置、特征和变化过程。研究发现,胶州湾水体中的汞来自于点污染源。在胶州湾水体中,汞的来源于河流和海流。汞的高含量污染源来自于海泊河、李村河和娄山河,其汞含量范围在 0.46 ~ 13.04 μg/L;汞含量另一个来源于湾口外的水域,其方式是外海海流输送的汞,其汞含量范围在 0.74 ~ 1.68 μg/L。而且用二个模型框图展示了汞污染源的变化过程:汞的重度污染源和没有污染源。

(6)研究发现,汞在 1979—1985 年期间有三个高峰值,1979 年的夏季、1980 年的秋季和 1985 年的春季。汞的高含量变化不受季节的影响,而是由排放源给予汞的排放量来决定的。

（7）作者提出了汞的陆地迁移过程：人类对汞的使用、汞沉积于土壤和地表中、河流和地表径流把汞输入到海洋的近岸水域。用模型框图展示，汞从排放到大气、陆地地表及陆地水体，最后，经过河流的输送，到达海洋近岸水域。研究发现，在胶州湾，大沽河、海泊河、李村河和娄山河均从湾的东北部入海，人类对汞的大量排放，通过河流的输送，给胶州湾带来了大量的汞。

（8）作者提出了汞的水域迁移过程，汞的水域迁移过程出现三个阶段：从污染源把汞输出到胶州湾水域、把汞输入到胶州湾水域的表层、汞从表层沉降到底层。在胶州湾，汞的垂直分布按照时空分布来划分区域。在时间尺度上，一年中分为三个阶段：河流开始输入汞、河流大量输入汞和河流结束输入汞；在空间尺度上，把胶州湾水域分为三部分水域：湾内、湾口和湾外。

（9）研究发现，在胶州湾水域，汞底层分布具有6个特征，表明了底层含量变化及分布状况。同时，使我们通过汞表层含量变化就知道其底层含量变化及分布状况。尤其在输入胶州湾水域中，汞含量的前锋内，表层与底层汞的水平分布状况是一致的，而在汞的前锋外，表层与底层汞的水平分布状况是不一致的。对此，提出了汞含量的沉降过程，这展示了汞在时空变化中的迁移路径。在空间和时间的变化尺度上，在胶州湾，汞含量的变化证明了沉降过程的作用。

（10）研究发现，汞含量的表、底层水平分布以及垂直分布展示了汞含量的表、底层水平分布趋势是一致的。通过胶州湾汞的时空分布，随着输入胶州湾水域的汞含量的降低和输入方式的改变，汞含量的季节变化也发生了改变。

（11）研究发现，胶州湾汞含量只有一个来源：是由海泊河、李村河和娄山河的河流输送的，而且输送的汞浓度都非常高。汞表、底层分布的时空变化和垂直分布都表明了汞迅速沉降的重力特性，证实了汞的水域迁移过程和水域迁移机制。在胶州湾的整个湾内水域，受到汞的污染程度是由河流输送汞含量的多少来决定的。

（12）作者提出了汞的水域迁移机制，建立了相应的模型框图。在胶州湾水域，汞含量随着河流入海口来源的汞浓度高低和经过距离的变化进行迁移。当河流开始输入汞的含量在变化时，其汞的含量在表、底层的大小也发生了变化。这样，汞的水域迁移机制通过河流入海口来源的汞含量高低，就可以确定在不同的水域汞的含量在表、底层的大小关系。

（13）从汞含量大小、水平分布、垂直分布和季节分布的角度，在空间的尺度上，阐明了汞在胶州湾海域的来源、水质、分布以及迁移状况等许多迁移规律；在时间的尺度上，展示了重金属汞在胶州湾水域的变化过程和变化趋势。据此，提出了1个变化趋势，即含量的年份变化；4个变化过程，即污染源变化过程，陆地迁移过程，水域迁移过程，沉降过程。这些规律和变化过程为研究汞在水体中的迁移奠定了基础。

　　有关这方面的研究还在进行中，本书权为阶段性成果的总结，欠妥之处在所难免，恳请读者多多指正。希望读者站在作者的肩膀上，使祖国海洋环境学研究、世界海洋环境学研究以及地球环境学研究有飞跃发展，作者甚感欣慰。

　　在各位同仁和老师的鼓励和帮助下，此书出版。作者铭感在心，谨致衷心感谢。

杨东方　　陈豫

2015 年 6 月 10 日

目　　次

第 1 章　胶州湾水体重金属汞的 分布和迁移

随着我国经济的高速发展,环境压力日益增大。胶州湾地区的工农业、养殖业、港口业发展迅速,在带来经济效益的同时,该海域环境污染加剧。汞(Hg)污染的陆源来源主要包括三个大的方面:工业、农业、城市生活。首先,煤、石油和天然气的燃烧释放出大量含汞的废气和废渣,Lindqvist[1]认为人为因素排放的汞约占大气汞的3/4,而其中由燃煤释放的汞则占全球人为排放汞总量的60%。氯碱工业、塑料工业、电子工业、混汞炼金等也排放大量的含汞废水。其次,在农业上,污水灌溉和施用含汞农药也是污染的重要来源。随着城市化进程的加快,城市人口的增加,大量的生活垃圾也排放出大量的汞,有数据表明欧美各国垃圾中汞含量为 25 g/t[2]。在胶州湾水域,许多学者对汞的含量、形态、分布及其污染现状和发展趋势都进行了研究[3-5]。本章根据 1979 年的调查资料,对我国改革开放初期胶州湾水体中汞的水平分布、垂直分布、季节变化及其发展趋势进行分析,结合近年来的资料,分析研究胶州湾汞污染的变化过程和污染来源以及污染趋势。从而对胶州湾的环境进行实时监测,为环境的综合治理提供背景资料,并且为当地环境的控制和改善提供理论依据。

1.1　背景

1.1.1　胶州湾自然环境

胶州湾位于山东半岛南部,沿岸有十几条河流注入,其中洋河、南胶莱河、大沽河、墨水河、白沙河、李村河由于河流长、流域面积广,因而对胶州湾的影响比较大。胶州湾口窄内宽,面积 446 km²,平均水深仅 7 m,为伸入内陆的半封闭性浅海湾,尤其是东北部水域存在相对封闭区,水体交换缓慢,不利于污染物的扩散、搬运和海水的自净化[6]。本章所使用的胶州湾水体汞的调查数据(1979 年 5 月、8 月、11 月)由国家海洋局北海监测中心提供。

1.1.2　材料与方法

1)样品的采集

在胶州湾水域设 8 个站位取水样 (图 1-1)。于 1979 年 5 月、8 月、11 月分 3 次进行取样,采样时用颠倒式采水器,根据水深取水样(大于 15 m 时取表层和底层,小于 15 m 时只取表层),现场过滤,加 H_2SO_4 至 pH 值大于 2,储存于玻璃瓶中,放入装有冰块的保温桶内保存,送回实验室冰箱冷冻保存直至分析。

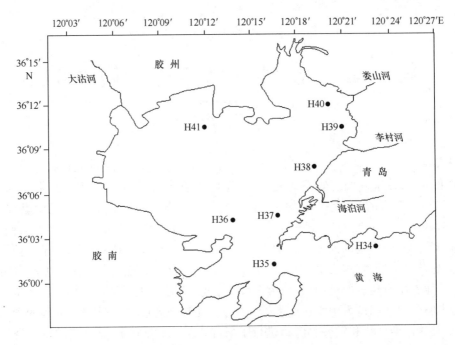

图 1-1 胶州湾调查站位

2）样品的测定

水样中的汞用冷原子吸收分光光度法进行测定,测定之前需要先把水样进行硝化预处理。首先量取 100 mL 水样于 250 mL 锥形瓶中,加 2.5 mL H_2SO_4 溶液(1:1),0.25 g 过 $K_2S_2O_8$ 溶液,加热煮沸 1 min 后冷却至室温,滴加 2 mL $NH_2OH \cdot HCL$ 溶液。再将水样转入汞蒸汽发生瓶中进行测定。最后量取 100 mL 无汞纯水测量空白值。

1.2 汞的分布

1.2.1 含量大小

1979 年 5 月,胶州湾表层水体中汞含量(0.11 ~ 0.46 μg/L)较高,平均达到了 0.19 μg/L,远远超过了国家一类海水水质标准[7](0.05 μg/L),大部分站位的水质达到国家二类海水水质标准[7](0.2 μg/L)。8 月时各站位汞含量为 0.03 ~ 1.68 μg/L,除了 H34 站位,汞含量低于国家一类海水水质标准。H34 站位的汞含量特别高,达到 1.68 μg/L,超出了国家四类海水(0.5 μg/L)的 3 倍多。11 月表层水体中汞含量为 0.01 ~ 0.02 μg/L,平均为 0.013 μg/L,全部低于国家一类海水水质标准,并且各站位差别不大。

1.2.2 水平分布

在胶州湾整个水域,1979 年 5 月份,汞含量由东北向西南方向递减,从 0.46 μg/L 降低到 0.11 μg/L。最东北部的 H39 站位汞含量最高,H34 和 H37 最低(图 1-2)。8 月份

时,汞的含量由东向西向递减,从 1. 68 μg/L 降低到 0. 03 μg/L,除了 H34 站位,在胶州湾
其他水域汞含量都在 0. 03 ~ 0. 04 μg/L。H34 站位的汞含量最高,比含量最低的 H35 和
H37 高出 50 多倍,属于污染极度严重的情况(图 1 - 3)。在 11 月,汞含量一般在 0. 01 ~
0. 03 μg/L,在整个水域分布比较平均。

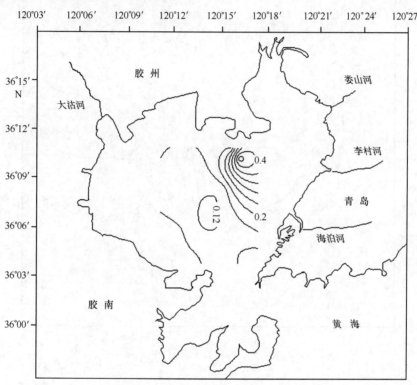

图 1 - 2   1979 年 5 月表层汞的分布(μg/L)

1. 2. 3   垂直分布

胶州湾 1979 年春季和夏季的时候,H34 站位表层水中的汞含量在 0. 11 ~ 1. 68 μg/L,
而底层水的汞含量仅有 0. 03 ~ 0. 14 μg/L;在夏季,H36 站位表层水中汞含量为 0. 04 μg/L,
而底层水的汞含量为 0. 02 μg/L,这样,表层水中汞含量远高于底层水;秋季时表层水中
汞含量在 H34、H35、H36 三个站位达到 0. 01 ~ 0. 02 μg/L,此时底层水汞含量为 0. 01 ~
0. 05 μg/L,底层水汞含量高于表层水。从 5—11 月汞含量从表层比底层高得多,逐渐降
低,转变为表层比底层低。

1. 2. 4   季节分布

在 1979 年春季,除了 H39 站位外,在整个胶州湾表层水体中汞含量为 0. 11 ~ 0. 20
μg/L,只有 H39 站位的汞含量最高,为 0. 46 μg/L。在夏季,表层水体中汞含量为 0. 03 ~
0. 04 μg/L,只有 H34 站位的汞含量特别高,为 1. 68 μg/L。在秋季,表层水体中汞含量普

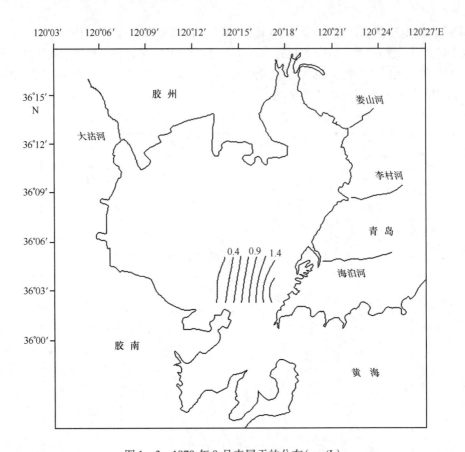

图 1 - 3　1979 年 8 月表层汞的分布（μg/L）

遍较低，在 0.01 μg/L ~ 0.02 μg/L。

1.3　汞的迁移

1.3.1　变化趋势

在 1979 年全年，胶州湾水域水体表层总汞含量的变化范围为 0.01 ~ 1.68 μg/L，这一结果与 1977 年和 1978 年胶州湾海水中总汞的含量相比[3]明显高出。但是比 1982 年的汞含量（0.0141.830 μg/L）要低[8]。说明我国在改革开放的初期，工农业发展迅速，同时人们的环保意识不强，导致环境污染的速度和规模短期内大幅增加。到了 20 世纪 90 年代中期，比较 1995 年，1996 年，1997 年，1999 年的数据[5]，发现汞在胶州湾海域居高不下的污染状况有所缓解，除个别站位的汞含量仍然非常高，大部分站位的汞含量有微小的下降趋势（表 1 - 1），说明随着人们环保意识的增强以及政府对环境保护工作力度的加大，环境污染的状况有好转的趋势。尽管如此，大部分站位的汞含量仍接近或超过国家一类海水水质标准。

表1-1　胶州湾汞含量的变化趋势

年份	1979	1982	1995	1996	1997	1999
海水中汞含量(μg/L)	0.01~1.68	0.014~1.830	0.015~0.05	0.025~0.065	0.018~0.045	0.015~0.022

1.3.2　迁移过程

胶州湾海域表层水和底层水中汞含量的分布随着季节的变化表明汞的迁移过程。随着雨季(5—11月)的到来,季节性河流变化,汞被输入胶州湾海域中,春季和夏季的表层水中的汞含量远高于底层水,颗粒物质和生物体将汞从表层带到底层。在秋季,表层的汞含量低于底层,水体中的汞沉降到海底。

1.4　结论

(1)胶州湾水体中,重金属汞的含量在春季时超过国家二、三类海水水质标准。在夏、秋季,除了输入汞的点源附近水域外,其他水域全部符合国家一类海水水质标准。

(2)胶州湾水域表层,汞含量的分布展示了夏季靠近湾口的东部地区含量较高,其他水域较低的特点,表明夏季汞污染来自于点污染源。说明胶州湾水域的汞含量受到人类活动的影响是非常显著的。

(3)胶州湾表、底层水体中,随着季节变化,汞含量的分布展示了汞迁移过程:河流所带的汞,在胶州湾水体中随着颗粒物质和生物物质沉降至海底。

(4)通过1979年胶州湾水域汞的污染状况和该地区的汞污染历史,认为是人类活动造成的汞污染的主要原因,且汞污染的程度与采取的措施密切相关。1979年到1982年,汞污染在加剧,在1982年达到高峰;1982年到1997年,从污染严重到缓和,在1997年就达到了一类水质的要求;1997年到1999年,水质更加清洁。这表明加强了对环境的保护,汞的污染就会减少。

参考文献

[1]　Lindqvist O. Atmosphere mercury – arrview[J]. Tellus,1985,37B:136 – 159.

[2]　Reimann D O. Deposition of airborne mercury near point sources[J]. Water, Air, and SoiL Pollution, 1974,13:179 – 193.

[3]　张淑美,庞学忠,郑舜琴. 胶州湾潮间带区海水中汞含量[J]. 海洋科学,1987, 2:35 – 36.

[4]　吕小乔,孙秉一,史致丽. 胶州湾中汞的含量及其形态的分布规律[J]. 青岛海洋大学学报, 1990, 20(4): 107 – 114.

[5]　徐晓达,林振宏,李绍全. 胶州湾的重金属污染研究[J]. 海洋科学,2005. 29(1):48 – 53.

[6]　徐鸿楷,胶州湾的环境保护[A]. 胶州湾综合开发利用学术讨论会论文汇编[C],青岛:青岛市科学技术协会,1985,302 – 307.

[7]　中国强制性国家标准汇编(环境保护卷)[S]. 北京:中国标准出版社,2002.

[8]　顾宏堪. 渤黄东海海洋化学[M]. 北京:科学出版社,1990.

第2章 胶州湾水体重金属汞的
分布及来源

汞,常被用于医疗器械、冶金、化药生产、电子等诸多行业,除了工业用途外,在农业用药、日常生活用品中也有重要应用。但是作为一种生物体非必需的重金属元素,它可以通过食物链的富集作用危及人体的健康甚至生命,自20世纪60年代初日本"水俣病"事件后,各国相关领域的科学家开始关注海水中汞含量,并进行了大量的研究工作[1-4]。目前,汞已被广泛认为是应当最优先考虑并在全球范围内受到持续关注的几种持久性环境污染物之一,被许多国家及国际机构列为污染物排放控制目标。

在胶州湾水域,许多学者对汞的含量、形态、分布及其污染现状和发展趋势都进行过研究[5-8]。本章根据1980年的调查资料,对我国改革开放初期胶州湾水体中汞的水平分布、垂直分布、月变化及其发展趋势进行分析,结合1979年和近年来的资料,分析研究胶州湾汞污染的变化过程和污染来源以及污染趋势,从而对胶州湾的环境进行实时监测,为环境的综合治理提供背景资料,并且为胶州湾环境的控制和改善提供理论依据。

2.1 背景

2.1.1 胶州湾自然环境

胶州湾以团岛头(36°00′N;120°16′49″E)与薛家岛脚子石(36°00′53″N;120°17′30″E)连线为界,是一个与黄海相通的典型的半封闭海湾,位于山东半岛南岸西部,为青岛市所包围,面积446 km²,平均水深仅7 m。有多条河流流入海湾,其中海泊河、李村河、娄山河等常年无自然径流,上游常年干涸,随着青岛市经济的迅速发展,中、下游已成为市区工业废水和生活污水的排污沟渠。本章所使用的胶州湾水体汞的调查数据(1980年6月、7月、9月、10月)由国家海洋局北海环境监测中心提供。

2.1.2 材料与方法

1)样品的采集

在胶州湾水域设9个站位取水样(图2-1)。于1980年的6月、7月、9月分3次进行取样,10月份除了调查这9个站位外,另外设置了29个站位(图2-2),进行采集水样。采样时用颠倒式采水器,根据水深取水样(大于15 m时取表层和底层,小于15 m时只取表层),现场过滤,加H_2SO_4至pH值小于2,储存于玻璃瓶中,放入装有冰块的保温桶内保存,送回实验室冰箱冷冻保存直至分析。

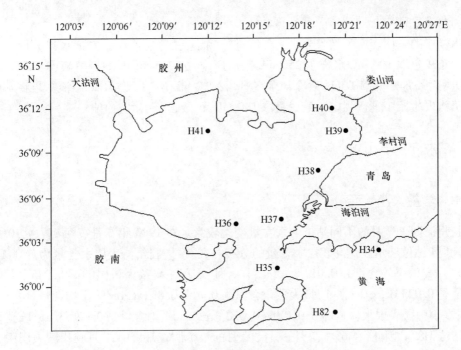

图 2-1　　胶州湾 H 点调查站位

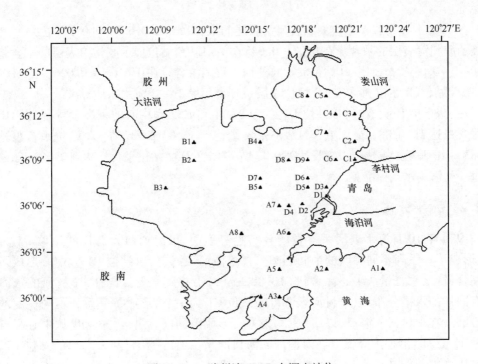

图 2-2　　胶州湾 A~D 点调查站位

2）样品的测定

水样中的汞用冷原子吸收分光光度法进行测定,测定之前需要先把水样进行硝化预处理。首先量取 100 mL 水样于 250 mL 锥形瓶中,加 2.5 mL H_2SO_4 溶液(1∶1),0.25 g $K_2S_2O_8$ 溶液,加热煮沸 1 min 后冷却至室温,滴加 2 mL $NH_2OH \cdot HCL$ 溶液。再将水样转入汞蒸汽发生瓶中进行测定。最后量取 100 mL 无汞纯水测量空白值。

2.2　汞的分布

2.2.1　含量大小

胶州湾同 1 个月的不同站位的汞含量变化较大。在 1980 年 6 月、7 月、9 月、10 月调查中,以 H 站位展示胶州湾表层汞含量的分布。在 6 月,胶州湾表层汞含量为 0.002 6 ~ 0.030 2 μg/L,平均含量是 0.013 8 μg/L;在 7 月,表层汞含量为 0.010 6 ~ 0.045 μg/L,平均含量是 0.023 6 μg/L;在 9 月,表层汞含量为 0.01 ~ 0.022 8 μg/L,平均含量是 0.015 0 μg/L;在 10 月,表层汞含量为 0.010 0 ~ 0.030 0 μg/L,平均含量是 0.020 3 μg/L,这里不包含站位 H82。因此,在 6 月、7 月、9 月、10 月的 4 个调查月份中,7 月胶州湾表层汞含量达到了相对较高的值。在这 4 个调查月,H 站位的各站位表层汞含量都优于一类海水水质标准。

在 1980 年 10 月,A 站位展示胶州湾表层的汞含量在 0.015 6 ~ 0.031 6 μg/L。B 站位展示胶州湾表层的汞含量在 0.02 ~ 0.045 6 μg/L。C 站位展示胶州湾表层的汞含量在 0.007 1 ~ 0.039 2 μg/L。D 站位展示胶州湾表层的汞含量在 0.010 1 ~ 0.026 7 μg/L。在 10 月,A 站位、B 站位、C 站位、D 站位表层汞含量都优于一类海水水质标准。

在 1980 年 10 月,出现以站位 D1、C1、C3、A4 和 H82 为中心的汞高含量区,在 D1 站位汞含量达到 10.88 μg/L,在 C1 站位汞含量达到 13.04 μg/L,在 C3 站位汞含量达到 0.083 2 μg/L,在 A4 站位汞含量达到 0.134 μg/L,在 H82 站位汞含量达到 0.063 7 μg/L,超过一类海水水质标准。

2.2.2　水平分布

1980 年 10 月海水表层汞含量的分布趋势表明,以海泊河入海口的站位 D1 为中心,形成了一系列不同梯度的半同心圆。在海泊河入海口,以站位 D1 为中心形成了汞的高含量区,汞含量从中心高含量(10.88 μg/L)沿梯度降低。同样,李村河的入海口具有同样的水平分布,以李村河入海口的站位 C1 为中心,形成了一系列不同梯度的半同心圆。在李村河入海口,以站位 C1 为中心形成汞的高含量区,汞含量从中心高含量(13.04 μg/L)沿梯度降低。在海泊河入海口的站位 D1 和李村河入海口的站位 C1,汞含量比湾内其他站位高出 3 个数量级,远远超过国家标准海水水质标准(GB 3097 - 1997)中规定的四类水质标准(0.5 μg/L)。另外,位于娄山河口的站位 C3,汞含量也达到 0.083 2 μg/L,明显高于湾内其他站位,超过一类海水水质标准(0.05 μg/L)。在湾口附近站位 A4 和 H82,汞含量也较高,分别为 0.134 μg/L 和 0.063 7 μg/L。

在 1980 年 10 月，除了以站位 D1、C1、C3、A4 和 H82 为中心的汞高含量区外，整个胶州湾水域的汞含量为 0.007 1 ~ 0.045 6 μg/L。这些水域都优于一类海水水质标准。

在 1980 年 6 月、7 月、9 月 3 个月中，胶州湾水域汞含量为 0.002 6 ~ 0.045 μg/L。而这些水域也都优于一类海水水质标准。

在 1980 年 6 月，站位 H37；7 月，站位 H37 和 H41；9 月，没有任何站位；在 10 月，站位 B1、B3、C8、A1 和 H41。这些站位都在胶州湾近岸水域，其汞含量在 0.030 ~ 0.050 μg/L。

在 1980 年 6 月、7 月、9 月和 10 月中，胶州湾中心水域，汞含量都低于 0.030 μg/L。

整个胶州湾水域汞含量呈现东面高、西面低，近岸高、湾中低的分布。

2.2.3　垂直分布

在 1980 年 6 月，胶州湾底层汞含量为 0.002 1 ~ 0.007 4 μg/L；在 7 月，底层汞含量为 0.001 6 ~ 0.021 3 μg/L；在 9 月，底层汞含量为 0.004 7 ~ 0.028 7 μg/L；在 10 月，底层汞含量为 0.012 5 ~ 0.09 μg/L。底层没有出现以站位 D1、C1、C3、A4 为中心的汞高含量区，只出现以站位 H82 为中心的汞高含量区。在 6 月、7 月、9 月、10 月中，底层汞含量随着月份的变化在增长。

在 1980 年 6 月、7 月、9 月中，在整个胶州湾的多数站位，表层汞含量大于底层的汞含量。6 月的站位 H34 和 H82、7 月的站位 H37、9 月的站位 H34 和 H36，只有这些站位底层汞含量大于表层的汞含量。站位 H34、H36、H37 和 H82 均处于胶州湾近岸水域。表明在 6 月、7 月、9 月中，胶州湾近岸水域汞的沉降。

在 1980 年 10 月，汞的垂直变化并不明显，在整个胶州湾，多数站位（除了站位 A7、D6、H38 和 H82）的表层海水中，汞含量（0.015 3 ~ 0.027 6 μg/L）稍大于底层的汞含量（0.001 2 ~ 0.020 4 μg/L）。表、底层汞含量相差值为 0.008 ~ 0.014 8 μg/L，通过方差分析发现 $F = 0.12$ 小于 $F_{0.05} = 4.20$，说明汞含量在表层和底层中并不存在显著差异。在 10 月，汞的表、底层含量处于相对均衡状态。

在 1980 年 10 月，在站位 A7、D6、H38，表层的汞含量低于底层汞含量。站位 A7、D6、H38 处于海泊河和李村河入海口的近岸区域。表明了在 10 月，由海泊河和李村河输入的汞沉降在站位 A7、D6、H38 构成的近岸区域。

在 1980 年 10 月，站位 H82，汞在表、底层中的含量都很高，表层的汞含量低于底层。

2.3　汞的来源

2.3.1　污染源

在胶州湾东岸，有 3 条入湾径流：海泊河、李村河和娄山河。在河口区站位 D1、C1、C3 处的汞含量分别为 10.88 μg/L、13.04 μg/L 和 0.083 2 μg/L，远远高于湾内其他站位，尤其是流经青岛市区的海泊河和李村河入海口的站位 D1、C1 的汞含量分别超出国家一类海水水质标准 217.6 倍和 260.8 倍，表明这部分胶州湾水域已经受到重金属汞的严重污染，另外，近岸水域 A4 站位汞含量达到 0.134 μg/L，在 H82 站位汞含量达到

0.063 7 μg/L,这说明在胶州湾近岸水域也有汞的轻度污染源。

在 1980 年 6 月、7 月、9 月、10 月 4 个调查月,H 站位表层汞含量都优于一类海水水质标准;在 10 月,A 站位、B 站位、C 站位、D 站位表层汞含量都优于一类海水水质标准。这说明在胶州湾,远离污染源的水域汞含量都非常低。

胶州湾表层水域,汞含量的分布展示了在夏、秋季胶州湾水域汞含量都非常低,而 3 个河口区汞含量很高以及近岸水域的两个地方含量较高,表明胶州湾水域的汞污染主要来自于点污染源,这与 1979 年具有相同的分布[8]。这说明造成胶州湾重金属汞污染的最主要原因是陆源污染物通过排污河入海,工业废水和生活污水成为主要的污染源。因此,胶州湾水域的汞含量受到人类活动的影响是非常显著的[8],胶州湾东岸河口附近成为汞污染的高浓度区。

2.3.2　从东到西的分布

在胶州湾东部近岸,有 3 个重度污染源:海泊河、李村河和娄山河的河口区,在近岸水域有两个轻度污染源:薛家岛的两侧以及在胶州湾近岸水域,汞含量在 0.030 ~ 0.050 μg/L;胶州湾中心水域,汞含量都低于 0.030 μg/L。

整个胶州湾水域汞含量呈现东面高、西面低,近岸高、湾中低的分布。

胶州湾的潮流与环流系统对重金属汞的扩散、迁移及分布有重要的影响。胶州湾内的潮流在一个周期内总是在湾的中部流速较大,在岸边流速较小,使中部污染物输运比岸边输运快,故在整个周期内,污物浓度在中部均匀、梯度小,而在岸边则梯度大[9],而且胶州湾潮流基本上是南北向往复流[10],因而在东西岸基本上是沿岸输运,东岸是污染源集中的地方,所以东岸的污染物转移较慢,汞含量会比较高,与胶州湾水域的汞含量分布一致。

2.3.3　沉降过程

根据汞的迁移过程[8],1980 年 8 月,胶州湾表层水中汞含量远高于底层,11 月,表层汞含量低于底层。而在 10 月,汞的变化过程正处于从表层高于底层到表层低于底层的过渡阶段。所以,在 10 月,汞含量的垂直变化表明,汞在海水表层和底层含量变化并不显著。基本上表层汞含量稍大于底层的汞含量,表、底层汞含量变化相对处于动态均衡状态。表、底层一致表明汞的沉降较快。

在 1980 年 10 月,在有污染源河口水域,底层的汞含量高于表层的。这表明重金属汞随河流入海后,不易溶解,绝大部分经过重力沉降、生物沉降、化学作用等迅速由水相转入固相,最终转入沉积物中。也表明汞入海后沉降较快。在 6 月、7 月、9 月,底层的汞含量高于表层的水域都在胶州湾近岸。说明汞在胶州湾近岸水域沉降。同样,也表明汞入海后沉降较快。

汞含量的月变化表明 1980 年 6 月、7 月表层的汞含量高于 9 月、10 月。在 6 月、7 月、9 月、10 月中,底层汞含量随着月份的变化在增长。这也证实了表、底层水中汞含量分布的变化结果[8]:随着雨季(5—11 月)的到来,季节性河流径流变化,汞被输入胶州湾海域中,春季和夏季的颗粒物质和生物体将汞从表层带到底层。在秋季,表层汞含量低于底层,说明水体的汞沉降到海底。

2.3.4　水质变化

汞在胶州湾的空间分布:在胶州湾东部近岸,有 3 个汞的重度污染源:海泊河、李村河和娄山河的河口区(0.083 2 ~ 13.04 μg/L)。在近岸水域有两个汞的轻度污染源:薛家岛的两侧,汞含量在 0.063 7 ~ 0.134 μg/L;胶州湾近岸水域,汞含量在 0.030 ~ 0.050 μg/L。胶州湾中心水域,汞含量都低于 0.030 μg/L。

在 1980 年,胶州湾水域,水体表层汞平均含量为 0.030 μg/L。

这一结果与 1993 年(0.009 μg/L),1994 年(0.020 μg/L),1995 年(0.029 μg/L)胶州湾 10 月表层海水中汞的平均含量[5]相比明显高出。

胶州湾汞含量的空间分布说明,我国在改革开放的初期,工农业发展迅速,同时人们的环保意识不强,导致环境污染的速度和规模短期内大幅增加。主要入湾河流经过青岛市区携带大量污染物入湾,引起胶州湾水域汞污染。胶州湾汞含量的时间分布说明,从1993—1995 年,虽然汞含量略有上升,但已远远优于 1980 年的水质,且都不超过一类海水水质标准。由此表明,随着人们环保意识的增强以及政府对环境保护工作力度的加大,环境污染的状况有好转的趋势,我国推行重金属污染治理已见成效。

2.4　结论

(1)胶州湾海域表层汞含量的分布变化表明汞的污染源。

汞在胶州湾的空间分布:在胶州湾东部近岸,有 3 个汞的重度污染源:海泊河、李村河和娄山河的河口区(0.083 2 ~ 13.04 μg/L)。在近岸水域有两个汞的轻度污染源:薛家岛的两侧(0.063 7 ~ 0.134 μg/L),在胶州湾近岸水域(0.030 ~ 0.050 μg/L)。胶州湾中心水域,汞含量都低于 0.030 μg/L。胶州湾水体中重金属汞的含量在夏、秋季,除了输入汞的点源附近水域外,其他水域全部符合国家一类海水水质标准。说明胶州湾水域汞的污染是来自于点污染源,胶州湾水域的汞含量受到人类活动的影响是非常显著的。

(2)胶州湾海域表层水和底层水中汞含量的分布的变化证实了汞的迁移过程。

在 1980 年 10 月,在有污染源河口的水域,底层的汞含量高于表层的。这表明重金属汞随河流入海后,不易溶解,绝大部分经过重力沉降、生物沉降、化学作用等迅速由水相转入固相,最终转入沉积物中。也表明汞入海后沉降较快。在 6 月、7 月、9 月,底层的汞含量高于表层的水域都在胶州湾近岸。表、底层一致表明汞的沉降较快。汞含量的月变化表明 6 月、7 月表层的汞含量高于 9 月、10 月的。在 6 月、7 月、9 月、10 月中,底层汞的含量随着月份的变化在增长。说明汞在胶州湾近岸水域沉降。同样,也表明汞入海后沉降较快。因此,表、底层汞含量变化相对处于动态均衡状态。

(3)通过 1980 年胶州湾水域汞的污染状况和该地区的汞污染历史,认为是人类活动造成的汞污染主要因素,且汞污染的程度与采取的措施密切相关。从 1993—1995 年,虽然汞含量略有上升,但已远远优于 1980 年的水质,且都不超过国家一类海水水质标准。这表明若加强环境保护,汞的污染程度就会减少。

1980 年,胶州湾内大部分站位汞含量全年优于国家一类海水水质标准,是清洁海域,但是在沿岸(主要是东岸)河流入海口处的站位汞含量严重超标。根据分析汞含量的分布,认为胶州湾的汞污染来自入湾河流带来的陆源污染物,且主要是人为污染物。因此,要治理胶州湾汞污染情况,首要的是采取措施控制陆源污染物的排放。通过本章中的数据可以看到,从 1980—1995 年,海水水体中汞污染的程度有所好转。

参考文献

[1] 李学杰. 广东大亚湾底质重金属分布特征与环境质量评价[J]. 中国地质, 2003, 30(4): 429 – 435.

[2] 龚香宜,祁士华,吕春玲,等. 福建省泉州湾表层沉积物中重金属的含量与分布[J]. 环境科学与技术, 2007, 30(1):27 – 34.

[3] 乔永民,黄长江,林潮平,等. 粤东柘林湾表层沉积物的汞和砷研究[J]. 热带海洋学报, 2004, 23(3):28 – 35.

[4] Kucuksezgin F. Assessment of marine pollution in Izmir Bay: Nutrient, heavy metal and total hydrocarbon concentrations[J]. Environment International,2006, 32: 41 – 51.

[5] 柴松芳. 胶州湾海水总汞含量及其分布特征[J]. 黄渤海海洋, 1998, 16(4):60 – 63.

[6] 张淑美,庞学忠,郑舜琴. 胶州湾潮间带区海水中汞含量[J]. 海洋科学,1987,2:35 – 36.

[7] 吕小乔,孙秉一,史致丽. 胶州湾中汞的含量及其形态的分布规律[J]. 青岛海洋大学学报, 1990, 20(4):107 – 114.

[8] 杨东方,曹海荣,高振会,等. 胶州湾水体重金属汞Ⅰ. 分布和迁移[J]. 海洋环境科学,2008,27(1): 37 – 39.

[9] 陈时俊,孙文心,王化桐. 胶州湾环流和污染扩散的数值模拟——污染浓度的计算[J]. 山东海洋学院学报, 1982, 12(4):1 – 12.

[10] 王化桐. 胶州湾环流和污染扩散的数值模拟(1)[J]. 山东海洋学院学报,1980, 10(1):26 – 63.

第3章　胶州湾水体重金属汞的分布和季节变化

　　汞,是唯一在常温下呈液态并易流动的金属,汞及其化合物不仅具有较强的生物毒性[1],而且还被认为是海岸带少数受限制的生物机体内一种主要的污染物[2-3]。我国国家海洋局全国海洋监测网对我国海域进行每年3个航次的环境监测,其中汞是必测项目之一[4]。因此,自20世纪70年代末我国开始重视环境保护工作,对于排放入海的污水和废水进行监控。

　　在胶州湾水域,许多学者对汞的含量、形态、分布及其污染现状和发展趋势都进行过研究[4-8]。根据1981年的调查资料,分析胶州湾水体中汞的含量、水平分布、垂直分布和季节变化,研究胶州湾汞的变化过程,为汞污染的环境治理提供科学理论依据。

3.1　背景

3.1.1　胶州湾自然环境

　　胶州湾位于山东半岛南部,其地理位置为35°58′~36°18′N,120°04′~120°23′E,以团岛与薛家岛连线为界,与黄海相通,面积约为446 km²,平均水深约7 m,是一个典型的半封闭型海湾。胶州湾入海的河流有十几条,其中径流量和含沙量较大的为大沽河和洋河,青岛市区的海泊河、李村河、板桥坊河、娄山河和湾头河5条河基本上无自身径流,河道上游常年干涸,中、下游已成为市区工业废水和生活污水的排污河,构成了外源有机物质和污染物的重要来源。

3.1.2　材料与方法

　　本章所使用的1981年4月、8月和11月胶州湾水体汞的调查资料由国家海洋局北海监测中心提供。以4月调查的数据代表春季,以8月调查的数据代表夏季,以11月调查的数据代表秋季。在胶州湾水域,在4月,有31个站位取水样:H34、A01、A02、A03、A04、A05、A06、A07、A08、B01、B02、B03、B04、B05、C01、C02、C03、C04、C05、C06、C07、C08、D01、D02、D03、D04、D05、D06、D07、D08、D09,在8月,有37个站位取水样:A01、A02、A03、A04、A05、A06、A07、A08、B01、B03、B04、B05、C01、C02、C03、C04、C05、C06、C07、C08、D01、D02、D03、D04、D05、D06、D07、D08、D09、H34、H35、H36、H37、H38、H39、H40和H41;在11月,有8个站位取水样:H34、H35、H36、H37、H38、H39、H40和H41(图3-1,图3-2)。根据水深取水样(大于10 m时取表层和底层,小于10 m时只取表层),现场过滤,加H₂SO₄至pH值小于2,储存于玻璃瓶中,放入装有冰块的保温桶内保存,送

回实验室冰箱冷冻保存直至分析。

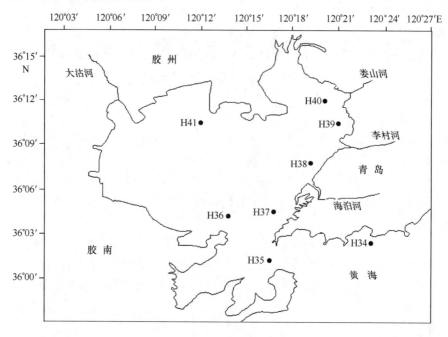

图 3-1　胶州湾调查站位图（H 站位）

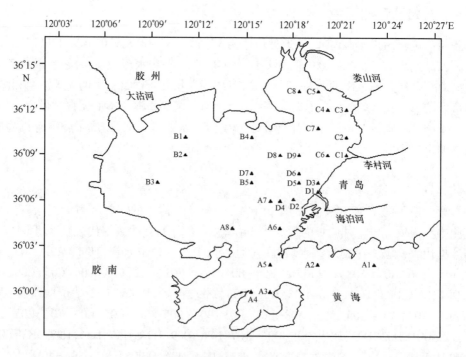

图 3-2　胶州湾调查站位图（A～D 站位）

3.1.3 样品的测定

水样中的汞用冷原子吸收分光光度法进行测定，测定之前需要先把水样进行硝化预处理。首先量取 100 mL 水样于 250 mL 锥形瓶中，加 2.5 mL H_2SO_4 溶液（1:1），0.25g $K_2S_2O_8$ 溶液，加热煮沸 1 min 后冷却至室温，滴加 2 mL $NH_2OH-HCL$ 溶液。再将水样转入汞蒸汽发生瓶中进行测定。最后量取 100 mL 无汞纯水测量空白值。

3.2 汞的分布

3.2.1 含量大小

1981 年 4 月，汞在胶州湾水体中的含量范围为 0.027 9 ~ 2.086 μg/L，最高值出现在 C3 站位，达到 2.086 μg/L，远远高于国家四类海水标准（0.5 μg/L）。只有 2 个站位的水体中汞含量达到国家一类海水水质标准（0.05 μg/L），小部分站位的水体中汞含量是国家二类海水水质标准（0.2 μg/L），大部分站位的水体中汞含量是国家四类海水水质标准，有 9 个站位的水体中汞含量超过国家四类海水标准。这说明春季胶州湾汞污染比较严重。

8 月，胶州湾水体中汞含量明显下降，达到 0.001 2 ~ 0.039 68 μg/L，已经全部达到国家一类海水的水质标准，甚至大部分站位的水体中汞含量是低于 0.01 μg/L。整个胶州湾水质较好。

11 月，水体中汞含量进一步下降，其值为 0.001 8 ~ 0.017 4 μg/L，整个胶州湾水体中汞含量都达到国家一类海水的水质标准，整个胶州湾水质很好（表 3 - 1）。

表 3 - 1 胶州湾春季、夏季、秋季表层水质

	春季	夏季	秋季
海水中汞含量（μg/L）	0.0279 ~ 2.086	0.0012 ~ 0.03968	0.0018 ~ 0.0174
国家海水水质标准	一、二、四类以及超四类海水	一类海水	一类海水

3.2.2 水平分布

3.2.2.1 水平表层分布

1981 年在 4 月，在胶州湾整个水域，表层汞含量都非常高。在胶州湾的东北部，在娄山河入海口的站位 C3，表层汞含量最高值达到 2.086 μg/L，以站位 C3 为中心，形成了一系列不同梯度，并以站位 C3 为中心形成了汞的高含量区，汞含量从中心高含量（2.086 μg/L）沿梯度降低。在胶州湾的北部，有 1 个比较大的区域呈现汞的高含量，大于 1.000 μg/L。在胶州湾整个水域，汞含量呈现出由北向南逐渐减少的趋势（图 3 - 3）。

在 8 月，在胶州湾整个水域，表层汞含量都比较低。有 2 个相对比较高的区域，一个

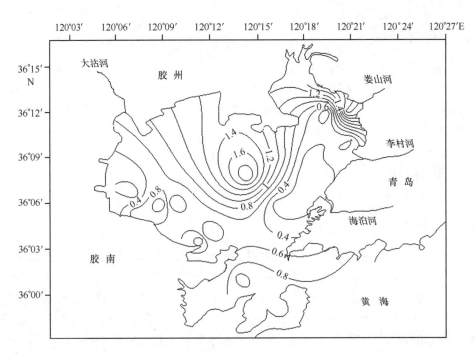

图 3 - 3　1981 年 4 月表层汞的分布(μg/L)

在胶州湾东部近岸水域,另一个在胶州湾西部近岸水域。在胶州湾整个水域,汞含量呈现出由北向南逐渐减少的趋势(图 3 - 4)。

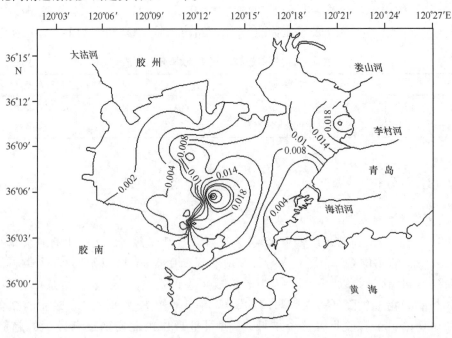

图 3 - 4　1981 年 8 月表层汞的分布(μg/L)

在 11 月，在胶州湾整个水域，表层汞含量都非常低，而且分布比较均匀。在李村河和娄山河的入海口之间的近岸水域，有 1 个汞含量相对比较高的区域，形成了一系列不同梯度的半同心圆，汞含量从中心沿梯度降低。在海泊河的入海口南部的近岸水域，有 1 个汞含量相对比较高的区域，形成了一系列不同梯度的半同心圆，汞含量从中心沿梯度降低。在胶州湾东部近岸水域，呈现有 2 个汞含量相对比较高的区域(图 3 - 5)。

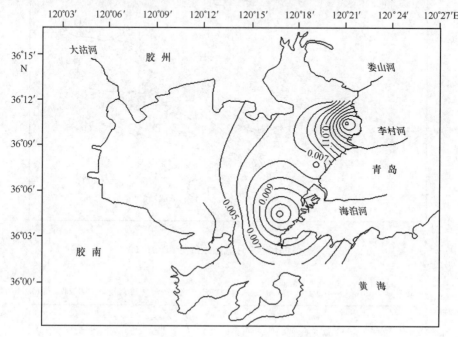

图 3 - 5　1981 年 11 月表层汞的分布(μg/L)

3.2.2.2　水平底层分布

在 1981 年 4 月，在胶州湾的湾口水域，从湾口内侧到湾口，再到湾口外侧，汞含量沿梯度升高。由 0.028 8 μg/L 迅速增加到 3.125 0 μg/L，在短的距离和小的空间汞含量变化大，这表明在此底层区域，汞含量下降的速度高，而且下降的含量高。底层汞含量的水平分布都呈现由湾口内侧到湾口，再到湾口外侧逐渐增加的趋势(图 3 - 6)。

在 8 月，在胶州湾的湾口水域，从湾口内侧到湾口，再到湾口外侧，汞含量沿梯度升高。由 0.002 μg/L 逐渐增加到 0.026 24 μg/L，这表明在此底层区域，汞含量比较低，沿梯度变化也比较低。底层汞含量的水平分布都呈现由湾口内侧到湾口，再到湾口外侧逐渐增加的趋势(图 3 - 7)。

在 11 月，在胶州湾的湾口水域，从湾口内侧到湾口，再到湾口外侧，汞含量沿梯度降低。由 0.005 4 μg/L 逐渐减少到 0.002 6 μg/L，这表明在此底层区域，汞含量更低，沿梯度变化也比较小。底层汞含量的水平分布都呈现由湾口内侧到湾口，再到湾口外侧逐渐减少的趋势(图 3 - 8)。

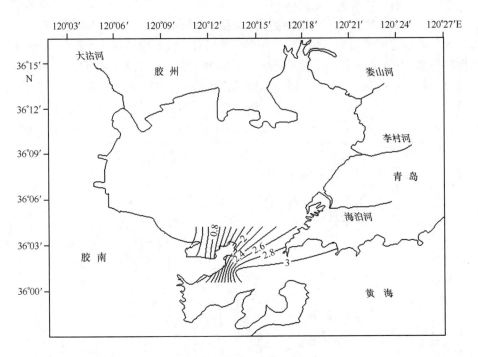

图 3 - 6　1981 年 4 月底层汞的分布(μg/L)

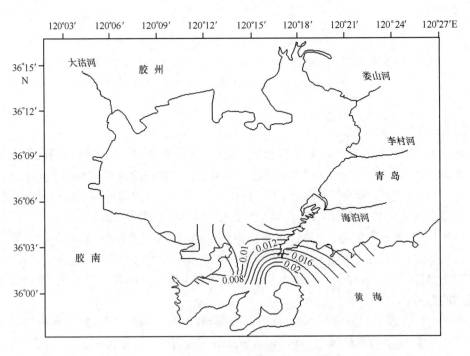

图 3 - 7　1981 年 8 月底层汞的分布(μg/L)

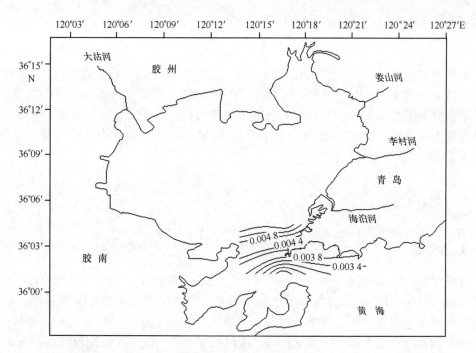

图 3 - 8 1981 年 11 月底层汞的分布(μg/L)

3.2.3 垂直分布

在 1981 年 4 月,在胶州湾的湾口水域,从湾口内侧到湾口,再到湾口外侧,在表层,汞含量沿梯度升高,由 0.090 2 μg/L 迅速增加到 1.073 0 μg/L。在底层,汞含量沿梯度升高,由 0.028 8 μg/L 迅速增加到 3.125 0 μg/L。这表明表、底层汞的水平分布趋势是一致的。

在 8 月,在胶州湾的湾口水域,从湾口内侧到湾口,再到湾口外侧,在表层,汞含量沿梯度升高,由 0.001 2 μg/L 迅速增加到 0.015 84 μg/L。在底层,汞含量沿梯度升高,由 0.002 μg/L 逐渐增加到 0.026 24 μg/L。这表明表、底层汞的水平分布趋势是一致的。

在 11 月,在胶州湾的湾口水域,从湾口内侧到湾口,再到湾口外侧,在表层,汞含量沿梯度降低,由 0.012 5 μg/L 逐渐减少到 0.001 8 μg/L。在底层,汞含量沿梯度降低,由 0.005 4 μg/L 逐渐减少到 0.002 6 μg/L。这表明表、底层汞的水平分布趋势是一致的。

3.2.4 季节分布

3.2.4.1 季节表层分布

胶州湾水域的表层水体中,在 1981 年 4 月,水体表层的汞含量范围为 0.027 9 ~ 2.086 μg/L;在 8 月,水体表层的汞含量范围为 0.001 2 ~ 0.039 68 μg/L;在 11 月,水体表层的汞含量范围为 0.001 8 ~ 0.017 4 μg/L。这表明在 4 月、8 月和 11 月,水体表层的汞含量范围变化非常接近,由大至小为 4 月、8 月、11 月。因此,水体表层的汞含量的季节变化由大至小为春季、夏季、秋季。

3.2.4.2　季节底层分布

胶州湾水域的底层水体中,在 1981 年 4 月,水体底层的汞含量范围为 0.028 8 ~ 3.125 0 μg/L;在 8 月,水体底层的汞含量范围为 0.002 ~ 0.026 24 μg/L;在 11 月,水体底层的汞含量范围为 0.002 6 ~ 0.005 4 μg/L。这表明在 4 月、8 月和 11 月,水体底层的汞含量范围变化非常接近,由大至小为 4 月、8 月、11 月。因此,水体底层的汞含量的季节变化由大至小为:春季、夏季、秋季。

3.3　汞的季节变化

3.3.1　水质

在整个胶州湾水域,在 1981 年 4 月,大部分站位的水体中汞含量符合国家四类海水水质标准(0.5 μg/L),小部分站位的水体中汞含量符合国家二类海水水质标准,只有 2 个站位的水体中汞含量达到国家一类海水水质标准(0.05 μg/L),甚至在个别站位远远高于国家四类海水水质标准(0.5 μg/L)。这说明春季胶州湾汞污染比较严重。在 8 月,整个胶州湾水域的汞含量已经全部达到国家一类海水水质标准,这说明整个胶州湾汞污染小。在 11 月,不仅整个胶州湾水体中的汞含量都达到国家一类海水的水质标准,而且水体中汞含量比 8 月进一步下降,这说明整个胶州湾基本无汞污染。

3.3.2　污染源

在 1981 年 4 月,在胶州湾整个水域,表层汞含量都非常高,最高值达到 2.086 μg/L。汞含量的水平分布展示了:娄山河入海口的近岸水域,是汞含量相对比较高的水域;在胶州湾的北部,也有 1 个比较大的区域呈现汞的高含量。表明这部分胶州湾水域已经受到重金属汞的严重污染。因此,在 4 月,在胶州湾整个水域,有汞的污染源,并且提供了高含量的汞。

胶州湾东部近岸河口附近水域成为汞的高浓度区,这与 1979 年、1980 年具有相同的分布[7,8]。由于造成胶州湾重金属汞污染的最主要原因是陆源污染物通过排污河入海,工业废水和生活污水成为主要的污染源。这说明胶州湾水域的汞含量受到人类活动的影响是非常显著的。

在 1981 年 8 月,在胶州湾整个水域,表层汞含量都比较低,表层汞含量最高值达到 0.039 68 μg/L。在 11 月,在胶州湾整个水域,表层汞含量都非常低,表层汞含量最高值达到 0.017 4 μg/L。这样,在 8 月和 11 月,在胶州湾整个水域,表层汞含量都低。而且,从 8 月到 11 月,汞含量进一步降低,因此,在 8 月和 11 月,在胶州湾整个水域,汞没有污染源,只有一些少量的来源。

胶州湾表层水域,汞含量的分布展示了在夏、秋季胶州湾水域汞含量都非常低,在 3 个河口区的近岸水域汞含量相对较高,这与 1979 年具有相同的分布[7,8]。表明胶州湾水域的汞来源主要来自于东部近岸水域。

3.3.3　沉降过程及迁移过程

1981 年在胶州湾的湾口水域,从湾口内侧到湾口,再到湾口外侧:

在 4 月、8 月和 11 月,汞含量的表、底层水平分布趋势是一致的。这证实了汞的沉降过程[8],表明重金属汞随河流入海后,不易溶解,迅速由水相转入固相,最终转入沉积物中。表、底层水平分布趋势一致也表明汞沉降较快。

在 4 月、8 月,在表、底层的汞含量沿梯度升高。在 11 月,在表、底层的汞含量沿梯度降低。胶州湾表、底层水中汞含量的分布变化证实了汞的迁移过程[7]。表明随着雨季(5—11 月)的到来,季节性河流径流变化,大量汞被输入胶州湾海域中,春季和夏季的颗粒物质和生物体将汞从表层带到底层。于是,在春季和夏季,在表、底层的汞含量沿梯度升高。随着雨季(5—11 月)的结束,只有少量的汞被输入胶州湾海域中。于是,在秋季,在表、底层的汞含量沿梯度降低。

3.3.4　季节变化过程

胶州湾水域的表层水体中,在 1981 年 4 月、8 月和 11 月,水体表层的汞含量由大至小为 4 月、8 月、11 月。因此,水体表层的汞含量的季节变化由大至小为为:春季、夏季、秋季。

胶州湾水域的底层水体中,在 4 月、8 月和 11 月,水体底层的汞含量由大至小为 4 月、8 月、11 月。因此,水体底层的汞含量的季节变化由大至小为:春季、夏季、秋季。

同样,在 1979 年,在 5 月、8 月和 11 月,水体表层的汞含量由大至小为 5 月、8 月、11 月。而且,春季表层的汞含量比较高,秋季表层的汞含量很低,1979 年表层的汞含量的季节变化[7]与 1981 年一致。

在 1980 年,表层汞含量的月变化表明 6 月、7 月表层的汞含量高于 9 月、10 月。1979 年表层的汞含量季节变化[8]与 1981 年一致。

这样,表层的汞含量季节变化过程:在一年中,春季表层的汞含量比较高,夏季表层的汞含量比较低,秋季更低。

3.4　结论

在整个胶州湾水域,在 1981 年 4 月,在胶州湾水体中的汞含量范围为 0.027 9 ~ 2.086 μg/L,大部分站位的水体中汞含量符合国家四类海水水质标准(0.5 μg/L),有一些站位的水体中汞含量超过国家四类海水标准(0.5 μg/L)。在 8 月,水体中汞含量明显下降,达到 0.001 2 ~ 0.039 68 μg/L,已经全部达到国家一类海水水质标准,甚至大部分站位的水体中汞含量是低于 0.01 μg/L。在 11 月,水体中汞含量进一步下降,其值为 0.001 8 ~ 0.017 4 μg/L,整个胶州湾水体中汞含量都达到国家一类海水水质标准。因此,春季胶州湾水质汞污染比较严重。对于汞含量,夏季整个胶州湾水质较好,秋季整个胶州湾水质很好。

在 4 月,在胶州湾整个水域,有汞的污染源,并且提供了高含量的汞,最高值达到

2.086 μg/L。汞含量的水平分布展示了:胶州湾东部近岸河口附近水域成为汞含量的高浓度区,这与1979年、1980年具有相同的分布[7,8]。因此,在海泊河、李村河、娄山河3个河口区的近岸水域汞含量相对较高,这与1979年具有相同的分布[7,8]。均表明胶州湾水域的汞污染源主要来自于东部近岸水域。

在8月,在胶州湾整个水域,表层汞含量都低。到11月,汞含量进一步降低。汞含量的分布展示了:在夏、秋季胶州湾水域汞含量都非常低。因此,在8月和11月,在胶州湾整个水域,没有汞污染源,只有一些少量的来源。

汞含量的胶州湾表、底层水平分布趋势是一致的。这证实了汞的沉降过程[8],胶州湾表、底层水中汞含量的分布变化证实了汞的迁移过程[7]。因此,汞含量的垂直分布展示了汞的沉降过程和迁移过程。

胶州湾水域的表、底层水体中,在1981年4月、8月和11月,水体表、底层的汞含量由大至小为4月、8月、11月。这样,水体表层的汞含量的季节变化由大至小为春季、夏季、秋季。这与1979年、1980年具有相同的季节变化[7,8]。因此,表层汞含量的季节变化过程:在一年中,春季表层的汞含量比较高,夏季表层的汞含量比较低,秋季更低。

在1981年,春季胶州湾汞污染比较严重,汞污染源主要来自于东部近岸水域,是由入湾河流带来的。而在夏、秋季胶州湾水域几乎没有污染,只有一些少量的来源。这样,减小汞污染需要减少陆源污染物汞的排放,尤其减少春季的排放和对入湾河流的排放。

参考文献

[1] Mahafey K. T—Hg as an environmental problem : Perspectives on health effects and strategies for risk management [A]. 6th International Conference on T ~ Hg as a Global Pollutant [C]. Minamata Japan. Abstract. KN—Ⅳ. 2001.

[2] Cossa D, Martin J M. Mercury in the Rhine Delta and Adjacent Marine Areas[J]. Marine Chem. 1991. 36: 291 – 302.

[3] Kudo A, Miyahara S. Predicted Restoration of the Surrounding Marine Environment After an Artificial Mercury Decontamination at Minamata Bay, Japan – Economic Values for Natural and Artificial Processes[J]. Water Sci. Technol. 1992. 25:141 – 148.

[4] 柴松芳. 胶州湾海水总汞含量及其分布特征[J]. 黄渤海海洋. 1998,16(4):60 – 63

[5] 张淑美,庞学忠,郑舜琴. 胶州湾潮间带区海水中汞含量[J]. 海洋科学,1987,2:35 – 36.

[6] 吕小乔,孙秉一,史致丽. 胶州湾中汞的含量及其形态的分布规律[J]. 青岛海洋大学学报, 1990, 20(4):107 – 114.

[7] 杨东方,曹海荣,高振会,等. 胶州湾水体重金属汞Ⅰ. 分布和迁移[J]. 海洋环境科学,2008,27 (1): 37 – 39.

[8] 杨东方,王磊磊,高振会,等. 胶州湾水体重金属汞Ⅱ. 分布和污染源[J]. 海洋环境科学,2009,28 (5):501 – 505 .

第4章 胶州湾水体重金属汞的
分布和含量

随着工业化程度的加速,排污量的大量增加,氯碱工业、塑料工业、电子工业、含汞的冶炼等也排放了大量的含汞废水。其次,在农业上,污水灌溉和施用含汞农药也是污染的重要来源。而且,汞及其化合物具有较强的生物毒性[1],能沿着食物链从低段到高段进行了高度富集,严重威胁人类健康。因此,自20世纪70年代末,我国开始重视环境保护工作,对于排放入海的污水和废水进行监控。

在胶州湾水域,许多学者对汞的含量、形态、分布及其污染现状和发展趋势都进行了研究[2-7]。根据1982年的调查资料,分析胶州湾水体中汞的含量、水平分布、垂直分布和季节变化,研究胶州湾汞的陆地和水域迁移过程,为汞污染的经综合环境治理提供科学理论依据。

4.1 背景

4.1.1 胶州湾自然环境

胶州湾位于山东半岛南部,其地理位置为35°58′~36°18′N,120°04′~120°23′E,以团岛与薛家岛连线为界,与黄海相通,面积约为446 km²,平均水深约7 m,是一个典型的半封闭型海湾。胶州湾入海的河流有十几条:其中径流量和含沙量较大的为大沽河和洋河,青岛市区的海泊河、李村河、板桥坊河、娄山河和湾头河5条河基本上无自身径流,河道上游常年干涸,中、下游已成为市区工业废水和生活污水的排污河,构成了外源有机物质和污染物的重要来源。

4.1.2 材料与方法

本章所使用的1982年4月、6月、7月和10月胶州湾水体汞的调查资料由国家海洋局北海监测中心提供。在4月、7月和10月,在胶州湾水域设5个站位取水样:083、084、121、122、123;在6月,在胶州湾水域设4个站位取水样:H37、H39、H40、H41(图4-1)。分别于1982年4月、6月、7月和10月4次进行取样,根据水深取水样(大于10 m时取表层和底层,小于10 m时只取表层),现场过滤,加H₂SO₄至pH值大于2,储存于玻璃瓶中,放入装有冰块的保温桶内保存,送回实验室冰箱冷冻保存直至分析。

4.1.3 样品的测定

水样中的汞用冷原子吸收分光光度法进行测定,测定之前需要先把水样进行硝化预

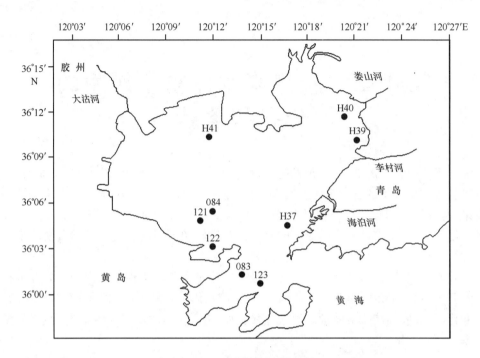

图 4-1 胶州湾调查站位图

处理。首先量取 100 mL 水样于 250 mL 锥形瓶中,加 2.5 mL H$_2$SO$_4$ 溶液(1:1),0.25 g K$_2$S$_2$O$_8$ 溶液,加热煮沸 1 min 后冷却至室温,滴加 2 mL NH$_2$OH – HCL 溶液。再将水样转入汞蒸汽发生瓶中进行测定。最后量取 100 mL 无汞纯水测量空白值。

4.2 汞的分布

4.2.1 含量大小

在 1982 年 4 月、7 月和 10 月,胶州湾西南沿岸水域汞含量范围为 0.006 ~ 0.030 μg/L。在 6 月,胶州湾东部沿岸水域汞含量范围为 0.009 ~ 0.049 μg/L。在 4 月、6 月、7 月和 10 月,在胶州湾水体中的汞含量范围为 0.006 ~ 0.049 μg/L,都没有超过国家一类海水水质标准。这表明在 4 月、6 月、7 月和 10 月胶州湾表层水质,在整个水域符合国家一类海水水质标准(0.05 μg/L)(表 4-1)。由于汞含量在胶州湾整个水域都小于 0.050 μg/L,说明在汞含量方面,在胶州湾整个水域,水质清洁,没有受到汞的污染。

表 4-1 1982 年 4 月、6 月、7 月和 10 月的胶州湾表层水质

	4 月	6 月	7 月	10 月
海水中汞含量(μg/L)	0.006 ~ 0.019	0.009 ~ 0.049	0.019 ~ 0.030	0.013 ~ 0.021
国家海水标准	一类海水	一类海水	一类海水	一类海水

4.2.2 水平分布

在 1982 年 4 月、7 月和 10 月,在胶州湾水域设 5 个站位:083、084、121、122、123,这些站位在胶州湾西南沿岸水域(图 4 - 1)。在 4 月,水体中表层汞的水平分布状况是其含量大小由近岸西南向东北方向递增,从 0.006 μg/L 增加到 0.019 μg/L(图 4 - 2)。在 7 月和 10 月,水体中表层汞的水平分布状况是其含量大小由近岸西南向东北方向递减。在 7 月,从 0.030 μg/L 降低到 0.019 μg/L(图 4 - 3);在 10 月,从 0.021 μg/L 降低到 0.013 μg/L(图 4 - 4)。

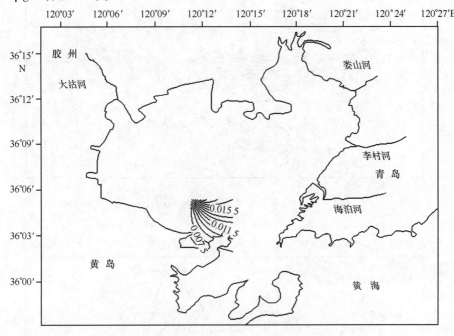

图 4 - 2 1982 年 4 月表层汞含量的分布(μg/L)

在 1982 年 4 月,水体中底层汞的分布状况是其含量大小由近岸西南向东北方向递减,从 0.007 μg/L 降低到 0.005 μg/L(图 4 - 5)。在 7 月和 10 月,湾内水体中底层汞的分布状况是其含量大小由近岸西南向东北方向递增,在 7 月,从 0.024 μg/L 增加到 0.029 μg/L(图 4 - 6);在 10 月,从 0.020 μg/L 增加到 0.032 μg/L(图 4 - 7)。

在 1982 年 6 月,在胶州湾水域设 4 个站位:H37、H39、H40、H41,这些站位在胶州湾东部和北部沿岸水域(图 4 - 1)。表层汞含量的等值线(图 4 - 8),展示汞含量以 H37 站位为相对较高含量区(0.049 μg/L)沿梯度降低。汞含量在湾的东北沿岸区域沿着东北方向由高(0.049 μg/L)变低(0.009 μg/L),即在胶州湾水体中沿着李村河的河流方向,汞含量在递减(图 4 - 8)。

4.2.3 垂直分布

1982 年,在胶州湾的西南沿岸水域,从西南的近岸到东北的湾中心:

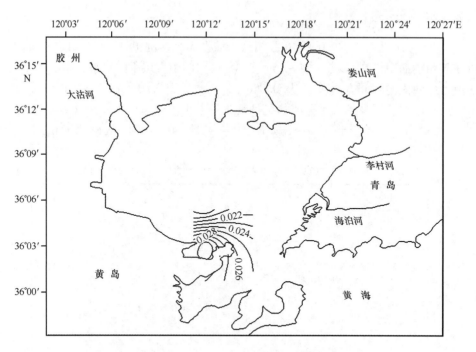

图 4-3　1982 年 7 月表层汞含量的分布(μg/L)

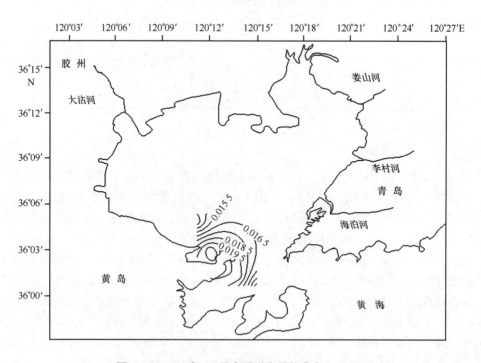

图 4-4　1982 年 10 月表层汞含量的分布(μg/L)

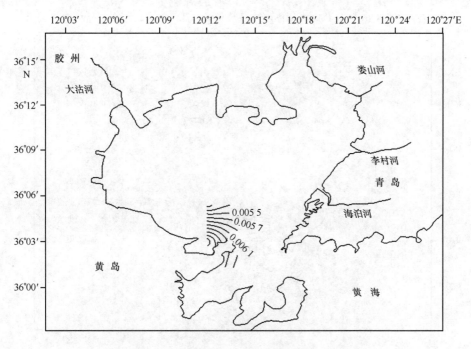

图 4 - 5　1982 年 4 月底层汞含量的分布（μg/L）

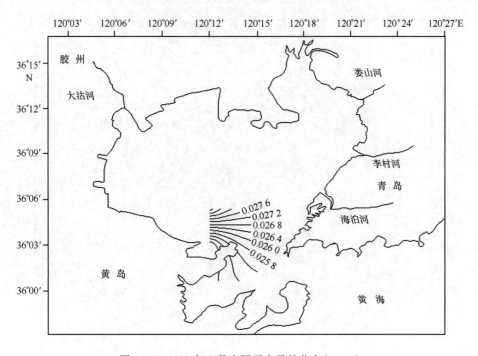

图 4 - 6　1982 年 7 月底层汞含量的分布（μg/L）

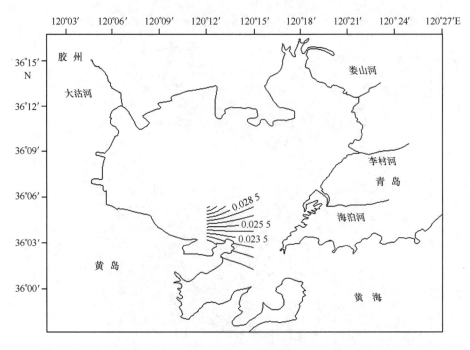

图 4 - 7　1982 年 10 月底层汞含量的分布（μg/L）

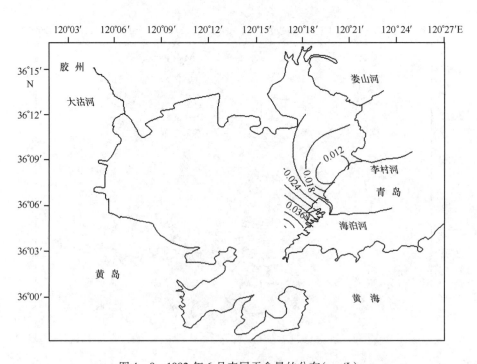

图 4 - 8　1982 年 6 月表层汞含量的分布（μg/L）

在4月,在表层,汞含量沿梯度升高,从0.006 μg/L增加到0.019 μg/L。在底层,汞含量沿梯度降低,从0.007 μg/L降低到0.005 μg/L。这表明表、底层汞的水平分布趋势是相反的。

在7月,在表层,汞含量沿梯度降低,从0.030 μg/L降低到0.019 μg/L。在底层,汞含量沿梯度升高,从0.024 μg/L增加到0.029 μg/L。这表明表、底层汞的水平分布趋势也是相反的。

在10月,在表层,汞含量沿梯度降低,从0.021 μg/L降低到0.013 μg/L。在底层,汞含量沿梯度升高,从0.020 μg/L增加到0.032 μg/L。这表明表、底层汞的水平分布趋势同样是相反的。

总之,在1982年4月、7月和10月,胶州湾西南沿岸水域的水体中,表层汞的水平分布与底层分布趋势是相反的。

在1982年4月、7月和10月,在083、084、121、122、123站位,表、底层的汞含量相减,其差为 -0.017 ~ 0.014 μg/L,这表明表、底层的汞含量都相近。

在4月,表、底层的汞含量差为0.000 ~ 0.014 μg/L,各站位无负值。在7月,表、底层的汞含量差为 -0.010 ~ 0.006 μg/L,只有1个站为负值,其余站为零和正值。在10月,表、底层的汞含量差为 -0.170 ~ 0.000 μg/L,没有站为正值。这些数据恰巧给出了季节变化的趋势(表4-2)。

表4-2 1982年表、底层汞含量相减的差值的站位个数

表、底层汞含量相减的差值	4月	7月	10月
正值	其余站	其余站	无
零	1个站	1个站	1个站
负值	无	1个站	其余站

4.2.4 季节分布

4.2.4.1 季节表层分布

胶州湾西南沿岸水域的表层水体中,在1982年4月,水体表层的汞含量范围为0.006 ~ 0.019 μg/L;7月为0.019 ~ 0.030 μg/L;10月为0.013 ~ 0.021 μg/L。这表明在4月、7月和10月,水体表层的汞含量范围变化不大,表层的汞含量由高到低依次为7月、10月、4月。故得到水体表层的汞含量由高到低的季节变化为夏季、秋季、春季。

4.2.4.2 季节底层分布

胶州湾西南沿岸水域的底层水体中,在1982年4月,水体底层的汞含量范围为0.005 ~ 0.007 μg/L;7月为0.024 ~ 0.029 μg/L;10月为0.020 ~ 0.032 μg/L。这表明在4月、7月和10月,水体底层的汞含量范围变化也不大,底层的汞含量由高到低依次为10月、7月、4月。因此,得到水体底层的汞含量由高到低的季节变化为秋季、夏季、春季。

4.3 汞的含量

4.3.1 水质

在 1982 年 4 月、7 月和 10 月,胶州湾西南沿岸水域汞含量范围为 0.006 ~ 0.030 μg/L,优于国家一类海水水质标准(0.05 μg/L)。在 6 月,在胶州湾东部沿岸水域,有海泊河和李村河从湾的东北部入海,汞含量范围为 0.009 ~ 0.049 μg/L。说明在汞含量方面,胶州湾西南沿岸水域比胶州湾东部沿岸水域的水质更为清洁。

在 4 月、6 月、7 月和 10 月,在胶州湾水体中的汞含量范围为 0.006 ~ 0.049 μg/L,都没有超过了国家一类海水水质标准。这表明在 4 月、6 月、7 月和 10 月胶州湾表层水质,在整个水域符合国家一类海水水质标准(0.05 μg/L)。表明在胶州湾整个水域,水质清洁,没有受到汞的污染。

4.3.2 污染源

在胶州湾西南沿岸水域,在 1982 年 4 月、7 月和 10 月,表层汞含量都比较低,7 月表层汞含量最高值达到 0.030 μg/L。在胶州湾东部沿岸水域,在 6 月,表层汞含量最高值达到 0.049 μg/L。因此,在 4 月、6 月、7 月和 10 月,在胶州湾整个水域,没有汞污染源,只有一些含量低的来源。

胶州湾水域表层,汞含量的分布展示了在春季、夏季、秋季,在胶州湾西南沿岸水域,汞含量都非常低,这表明汞由地表径流直接输送入海。在胶州湾东部沿岸水域,受入海河流的影响,汞含量相对较高,这表明河流输送汞入海。这与 1979 年、1980 年和 1981 年具有相同的分布[5-7],揭示了胶州湾水域的汞主要来自于东部近岸水域。

汞来源是面来源,无论河流输送汞入海还是地表径流直接输送汞入海,都展示了面来源的特征。

4.3.3 陆地迁移过程

在胶州湾西南沿岸水域,1982 年 4 月的汞含量变化由近岸西南向东北方向递减,在 7 月和 10 月,汞含量变化刚好相反。这说明在 4 月,近岸水域还没有受到陆地地表径流输送汞的影响,等到了 7 月和 10 月,近岸水域受到了陆地地表径流输送汞的影响。而且,汞含量从 4 月的 0.019 μg/L 上升到 7 月的 0.030 μg/L,从 7 月的 0.030 μg/L 下降到 10 月的 0.021 μg/L。由于在胶州湾西南沿岸没有入海的河流,可见,土壤中残留的汞通过地表径流方式汇入近岸水域,而地表径流是由雨季所决定的,在 4 月,雨季还没有开始,在 7 月,雨季在强盛的时候,在 10 月,雨季快要结束了,故展示了此水域在 4 月、7 月和 10 月的汞含量水平分布和季节变化。由于汞通过地表径流方式汇入近岸水域,于是,汞含量很低,在 4 月,汞含量浓度小于 0.019 μg/L;在 7 月,小于 0.030 μg/L;在 10 月,小于 0.021 μg/L。

在胶州湾东部沿岸水域,6 月汞含量变化展示以海泊河和李村河的 2 个入海口之间的近岸水域为中心,基本上沿着李村河的河流方向,汞含量递减。这表明土壤中残留的汞通过地表径流方式汇入河流,由河流输入近岸水域,水域汞含量为 0.049 μg/L,这与汞通过地表径流方式汇入近岸水域 0.030 μg/L 相比,要高一些。由此可见,汞通过河流输入近岸水域要比通过地表径流直接输入近岸水域的浓度要高。在胶州湾东部近岸河口附近水域成为汞含量的高浓度区,这与 1979 年、1980 年和 1981 年具有相同的分布[5-7]。

通过胶州湾西南沿岸水域 1982 年 4 月、7 月和 10 月汞含量的水平变化和季节变化以及胶州湾东部沿岸水域 1982 年 6 月汞含量的水平变化,展示了汞的陆地迁移过程,这也证实了 1979 年、1980 年和 1981 年的汞陆地迁移过程[5-7]。在夏季,输入胶州湾水域的汞比春季、秋季高。这是由于雨季决定了胶州湾沿岸水域汞含量的变化。

4.3.4 水域迁移过程

1982 年,在胶州湾的西南沿岸水域,从西南的近岸到东北的湾中心,汞水域迁移过程如下。

在 1982 年 4 月,从西南的近岸到东北的湾中心,在表层,汞含量沿梯度升高,说明雨季还没有开始,地表径流还没有大量输送汞到近岸水域。而在底层,汞含量沿梯度降低,这说明地表径流输送汞的含量很低,在近岸就沉降到海底。这证实了汞的沉降过程[5,6],表明重金属汞随河流或者地表径流入海后,不易溶解,迅速由水相转入固相,最终转入沉积物中。

在 7 月,在表层,汞含量沿梯度降低,说明雨季在强盛的时候,地表径流输送大量的汞到近岸水域,一直到东北的湾中心。而在底层,汞含量沿梯度升高,这说明地表径流输送汞的含量比较高,随着地表径流的强有力输送,一直到湾中心才沉降到海底。

在 10 月,在表层,汞含量沿梯度降低,说明雨季快要结束了,地表径流依然输送大量的汞到近岸水域,一直到东北的湾中心。而在底层,汞含量沿梯度升高,这说明地表径流输送汞的含量依然比较高,随着地表径流的强有力输送,一直到湾中心才沉降到海底。

在 4 月、7 月和 10 月,胶州湾西南沿岸水域的水体中,表层汞的水平分布趋势与底层的刚好相反。胶州湾表、底层水中汞含量的分布变化证实了汞的水域迁移过程[5-7]和水域迁移机制[8,9]。表明雨季还没有开始(4 月),地表径流还没有大量输送汞到近岸水域。随着雨季(5—11 月)的到来,季节性的地表径流发生变化,大量汞被输入胶州湾海域中。在水体中,颗粒物质和生物体将汞从表层带到底层。由于输送汞的是地表径流,表明了在表、底层的汞含量沿梯度变化刚好相反。由于有雨季和没有雨季的区别,造成了表底层汞含量的相反的梯度变化。

在 1981 年 4 月、8 月和 11 月,在胶州湾的湾口水域,从湾口内侧到湾口,再到湾口外侧,汞含量的表、底层水平分布趋势是一致的[7]。而在 1982 年 4 月、7 月和 10 月,在胶州湾西南沿岸水域的水体中,表层汞的水平分布趋势与底层的刚好相反。这是因为在胶州湾的不同区域,其地理、地貌以及水流的方向、流速是不一样的。

4.3.5 季节变化过程

胶州湾西南沿岸水域的表层水体中,由于地表径流输送了大量的汞到近岸水域,那么雨季决定了胶州湾沿岸水域汞含量的变化。在 1982 年 4 月,雨季还没有开始,输入胶州湾水域的汞就非常少,近岸水域汞含量就很低。在 7 月,雨季在强盛的时候,输入胶州湾水域的汞就非常多,近岸水域汞含量就很高。在 10 月,雨季快要结束了,但与 4 月雨季还没有开始相比,地表径流的输送比较强,输入胶州湾水域的汞相对就比较多,近岸水域汞含量相对就比较高。这样,水体表层的汞含量由高到低依次为 7 月、10 月、4 月。相应的水体表层的汞含量由高到低的季节变化为夏季、秋季、春季。

胶州湾西南沿岸水域的底层水体中,在 1982 年 4 月,雨季还没有开始,输入胶州湾水域的汞就非常少,那么,水体底层的汞含量就非常低。在 7 月,雨季在强盛的时候,输入胶州湾水域的汞就非常多,于是,通过汞的沉降过程,水体底层的汞含量就累加到很高。在 10 月,雨季快要结束了,地表径流依然很大,水体底层的汞含量就进一步累加到更高。这样,水体底层的汞含量由高到低依次为 10 月、7 月、4 月。相应的,水体底层的汞含量由高到低的季节变化为秋季、夏季、春季。

1979 年、1980 年和 1981 年的表层汞含量的季节变化[5-7]是一致的:在一年中,春季表层的汞含量比较高,夏季表层的汞含量比较低,秋季更低。可是,1982 年水体中表层汞含量的季节变化与 1979 年、1980 年和 1981 年是不一样的。这是因为与 1979 年、1980 年和 1981 年相比较,1979 年、1980 年和 1981 年汞都是以河流输送为主,输送的汞含量很大。而 1982 年汞的输入主要以地表径流输送为主,而且输送的汞量很少。由此认为,1982 年与 1979 年、1980 年和 1981 年的不同在于:输入胶州湾水域的汞含量的不同,输入的方式也不一样。

4.4　结论

在 1982 年 4 月、6 月、7 月和 10 月,在胶州湾水体中的汞含量范围为 $0.006 \sim 0.049$ μg/L,都没有超过了国家一类海水的水质标准。这表明在 4 月、6 月、7 月和 10 月胶州湾表层水质,在整个水域符合国家一类海水水质标准(0.05 μg/L)。胶州湾整个水域水质清洁,没有受到汞的污染。在 4 月、7 月和 10 月,在胶州湾西南沿岸水域,水体表层的汞含量由高到低的季节变化为夏季、秋季、春季,水体底层的汞含量由高到低的季节变化为秋季、夏季、春季。这表明在 4 月、7 月和 10 月,胶州湾表层水质受到陆地地表径流输送汞的影响,而胶州湾底层水质受到累计沉降的影响。

在 1982 年 4 月、6 月、7 月和 10 月,在胶州湾整个水域,没有受到汞污染源,说明汞来源很少,只是有一些面来源。在胶州湾西南沿岸水域,地表径流直接输送汞入海,汞含量都非常低;在胶州湾东部沿岸水域,河流输送汞入海,汞含量相对较高。

通过胶州湾西南沿岸水域 4 月、7 月和 10 月汞含量的水平变化和季节变化以及胶州湾东部沿岸水域 6 月汞含量的水平变化,展示了汞的陆地迁移过程,这也证实了 1979 年、1980 年和 1981 年的汞陆地迁移过程[5-7]。在夏季,输入胶州湾水域的汞比春季、秋季多。而雨季决定了胶州湾沿岸水域汞含量的变化。

在 1982 年 4 月、7 月和 10 月,胶州湾西南沿岸水域的水体中,表层汞的水平分布趋势与底层的刚好相反,其表、底层汞的分布变化证实了汞的水域迁移过程[5-7]和水域迁移机制[8,9]。在 1981 年 4 月、8 月和 11 月,在胶州湾的湾口水域,从湾口内侧到湾口,再到湾口外侧,汞含量的表、底层水平分布趋势是一致的[7]。而在 1982 年 4 月、7 月和 10 月,在胶州湾西南沿岸水域的水体中,表层汞的水平分布趋势与底层刚好相反。这是因为在胶州湾的不同区域,其地理、地貌以及水流的方向、流速是不一样的。

1979 年、1980 年和 1981 年胶州湾表层汞含量的季节变化[5-7]是一致的:在一年中,春季表层的汞含量比较高,夏季表层的汞含量比较低,秋季更低。可是,1982 年表层汞含量的季节变化与 1979 年、1980 年和 1981 年是不一样的:水体表层的汞含量由高到低的季节变化为夏季、秋季、春季。这是因为与 1979 年、1980 年和 1981 年相比,1979 年、1980 年和 1981 年汞都是以河流输送为主,而且输送的汞含量都非常多。而 1982 年的汞输入主要以地表径流输送为主,而且输送的汞含量都非常少。由此认为,1982 年与 1979 年、1980 年和 1981 年的不同在于:输入胶州湾水域的汞含量的不同,输入的方式也不一样。

在 1982 年,在胶州湾整个水域,水质清洁,没有受到汞的污染,只有一些少量面来源。这样,陆源污染物汞的排放就大量的减少,无论从地表径流直接输送还是由河流输送,汞含量都非常低。可见,汞污染源的排放得到了控制,使胶州湾水域的水质得到大幅改善。因此,还需要进一步的努力,提高汞利用效率,发挥资源的可持续利用。

参考文献

[1] Mahaffey K. Mercury as an environmental problem: perspectives on health effects and strategies for risk management [A]. 6th International Conference on Mercury as a Global Pollutant, Minamata, Japan [C]. Springer Verlag Publishers, Norwell. 2001.

[2] 柴松芳. 胶州湾海水总汞含量及其分布特征[J]. 黄渤海海洋. 1998,16(4):60 – 63.

[3] 张淑美,庞学忠,郑舜琴. 胶州湾潮间带区海水中汞含量[J]. 海洋科学,1987,6 (2): 35 – 36.

[4] 吕小乔,孙秉一,史致丽. 胶州湾中汞的含量及其形态的分布规律[J]. 青岛海洋大学学报,1990, 20(4):107 – 114.

[5] 杨东方,曹海荣,高振会,等. 胶州湾水体重金属汞 I. 分布和迁移[J]. 海洋环境科学,2008,27(1): 37 – 39.

[6] 杨东方,王磊磊,高振会,等. 胶州湾水体重金属汞 II. 分布和污染源[J]. 海洋环境科学,2009,28(5): 501 – 505.

[7] 陈豫,张饮江,郭军辉,等. 胶州湾水体重金属汞的分布和季节变化. 海洋开发与管理,2013,30(6): 81 – 83.

[8] 杨东方,高振会,孙培艳,等. 胶州湾水域有机农药六六六春、夏季的含量及分布[J]. 海岸工程,2009,28(2): 69 – 77.

[9] 杨东方,苗振清,徐焕志,等. 有机农药六六六对胶州湾海域水质的影响——水域迁移过程[J]. 海洋开发与管理, 2013, 30(1): 46 – 50.

第5章 胶州湾水体重金属汞的
分布和输入方式

工农业的发展带来了经济的腾飞,也带来了对环境的污染。工农业排放的废水中,含有大量的汞,如汞来源于仪表厂、食盐电解、贵金属冶炼、军工等工业废水中。在天然水体中含汞极少,一般不超过 0.1 μg/L。因此,人类产生了大量的含汞废水,严重威胁人类健康。汞及其化合物属于剧毒物质,可在人体内蓄积,水体中的无机汞可转变为有机汞,有机汞的毒性更大。并且在生物体内富集,浓缩系数达 10^5,当有机汞通过食物链进入人体,就会引起全身中毒。而且 汞不仅是神经性毒剂,更让人担心的是会造成生育系统的破坏,引起不孕不育症,对人类有致命的打击。所以要对汞的陆地和水域迁移进行研究,以保护环境和人类的健康。

在胶州湾水域,学者对汞的含量、形态、分布及其污染现状和发展趋势都进行了研究[1-7]。根据1983 年的调查资料,分析胶州湾水体中汞的含量、来源、水平分布、垂直分布和季节变化,研究胶州湾汞的陆地和水域迁移过程以及季节变化过程,为了解汞的污染过程和进行汞污染的综合治理提供了科学理论依据。

5.1 背景

5.1.1 胶州湾自然环境

胶州湾位于山东半岛南部,其地理位置为 $35°58' \sim 36°18'$N,$120°04' \sim 120°23'$E,以团岛与薛家岛连线为界,与黄海相通,面积约为 446 km^2,平均水深约 7 m,是一个典型的半封闭型海湾。胶州湾入海的河流有十几条,其中径流量和含沙量较大的为大沽河和洋河,青岛市区的海泊河、李村河、板桥坊河、娄山河和湾头河 5 条河基本上无自身径流,河道上游常年干涸,中、下游已成为市区工业废水和生活污水的排污河,构成了外源有机物质和污染物的重要来源。

5.1.2 材料与方法

本章所使用的1983 年 5 月、9 月和 10 月胶州湾水体汞的调查资料由国家海洋局北海监测中心提供。在 5 月、9 月和 10 月,在胶州湾水域设 9 个站位取水样:H34、H35、H36、H37、H38、H39、H40、H41、H82(图 5 - 1)。分别于 1983 年 5 月、9 月和 10 月 3 次进行取样,根据水深取水样(大于 10 m 时取表层和底层,小于 10 m 时只取表层),现场过滤,加 H_2SO_4 至 pH 值小于 2,储存于玻璃瓶中,放入装有冰块的保温桶内保存,送回实验室冰箱冷冻保存直至分析。

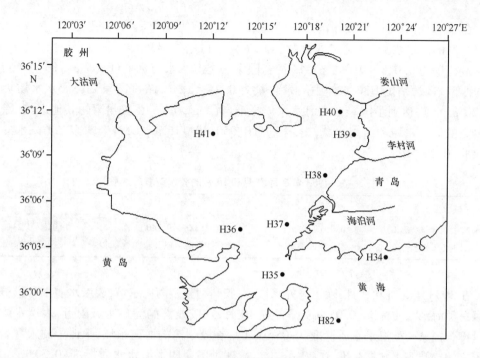

图 5-1 胶州湾调查站位图

5.1.3 样品的测定

水样中的汞用冷原子吸收分光光度法进行测定,测定之前需要先把水样进行硝化预处理。首先量取 100 mL 水样于 250 mL 锥形瓶中,加 2.5 mL H_2SO_4 溶液(1∶1),0.25 g $K_2S_2O_8$ 溶液,加热煮沸 1 min 后冷却至室温,滴加 2 mL $NH_2OH-HCL$ 溶液。再将水样转入汞蒸汽发生瓶中进行测定。最后量取 100 mL 无汞纯水测量空白值。

5.2 汞的分布

5.2.1 含量大小

在 1983 年 5 月,在胶州湾水体中的汞含量范围为 0.016~0.214 μg/L(表 5-1)。最高值出现在胶州湾的湾外水域站位 H82,汞含量为 0.214 μg/L,高于国家二类海水水质标准(0.2 μg/L),属于四类海水(0.5 μg/L)。除了湾外水域站位 H82,在胶州湾的湾内水体中的汞含量范围为 0.016~0.041 μg/L,都符合国家一类海水水质标准(0.05 μg/L)。

在 1983 年 9 月,在胶州湾水体中的汞含量范围为 0.009~0.740 μg/L(表 5-1),最高值出现在胶州湾的湾外水域站位 H34,汞含量为 0.740 μg/L,高于国家四类海水水质标准(0.5 μg/L)。除了湾外水域站位 H34,在胶州湾水体中的汞含量范围为 0.009~0.043 μg/L,都符合国家一类海水水质标准(0.05 μg/L)。

在 1983 年 10 月,在胶州湾水体中的汞含量范围为 0.028 ~ 0.244 μg/L(表 5 - 1),在胶州湾的湾口水域,从湾口内侧站位 H37 到湾口站位 H35,再到湾口外侧站位 H34,汞含量范围为 0.028 ~ 0.044 μg/L,符合国家一类海水水质标准(0.05 μg/L)。在胶州湾的西南水域,站位 H36 水体中的汞含量为 0.244 μg/L,超过国家二类海水水质标准(0.20 μg/L),达到了国家四类海水水质标准(0.5 μg/L)。在胶州湾的其他水域,除了胶州湾的湾口水域和西南水域,汞含量为 0.050 ~ 0.116 μg/L,符合国家二类海水的水质标准(0.20 μg/L)。

表 5 - 1　1983 年 5 月、9 月和 10 月的胶州湾表层水质

	5 月	9 月	10 月
海水中汞含量(μg/L)	0.016 ~ 0.214	0.009 ~ 0.740	0.028 ~ 0.244
国家海水标准	一、二和四类海水	一、二和四类海水以及超四类海水	一、二和四类海水

在 1983 年 5 月和 9 月,除了湾外水域,在胶州湾整个湾内水域,表层水质汞含量符合国家一类海水水质标准(0.05 μg/L)。在 10 月,在胶州湾的湾口水域附近,表层水质汞含量符合国家一类海水水质标准(0.05 μg/L);在胶州湾的西南水域,水体中的汞含量超过国家的二类海水水质标准(0.20 μg/L),达到了国家四类海水水质标准(0.50 μg/L)。在胶州湾的其他水域,除了胶州湾的湾口水域和西南水域,汞含量符合国家二类海水的水质标准(0.20 μg/L)。因此,在汞含量方面,在 5 月和 9 月,在胶州湾的整个湾内水域,水质清洁,没有受到汞的污染;10 月,除在胶州湾的湾口水域附近,没有受到汞的污染外,在胶州湾的整个湾内水域都受到汞的污染,尤其在胶州湾的西南水域,受到汞的严重污染。

5.2.2　水平分布

5.2.2.1　水平表层汞分布

在 1983 年 5 月,在胶州湾的整个湾内水域,表层汞含量都非常低,为 0.016 ~ 0.041 μg/L。在胶州湾的湾外水域站位 H82,表层汞含量达到最高值(0.214 μg/L);表层汞含量的等值线,展示以站位 H82 为中心,从湾口外向湾口内,形成了一系列不同梯度。在湾口外部,以站位 H82 为中心形成了汞的高含量区,汞含量从中心高含量(0.214 μg/L)由湾口外向湾口内沿梯度降低(图 5 - 2)。在胶州湾的整个湾口水域,呈现出由外向内逐渐减少趋势。

在 1983 年 9 月,在胶州湾的整个湾内水域,表层汞含量都比较低,为 0.009 ~ 0.043 μg/L。在胶州湾的湾外水域站位 H34,表层汞含量达到最高值(0.740 μg/L);表层汞含量的等值线,展示以站位 H34 为中心,从湾口外向湾口内,形成了一系列不同梯度。在湾口外部,以站位 H34 为中心形成了汞的高含量区,汞含量从中心高含量(0.740 μg/L)由湾口外向湾口内沿梯度降低(图 5 - 3)。在胶州湾的整个湾口水域,呈现出由外向内逐渐减少趋势。

在 1983 年 10 月,在胶州湾的西南水域,站位 H36 水体中的汞含量达到最高值,为

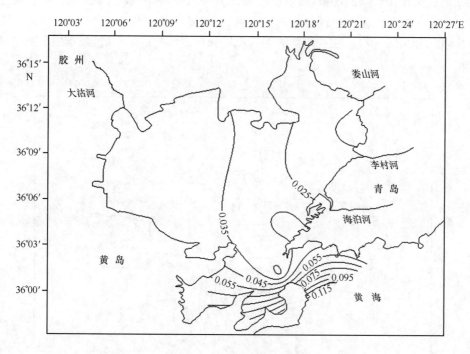

图 5-2　1983 年 5 月表层汞含量的分布(μg/L)

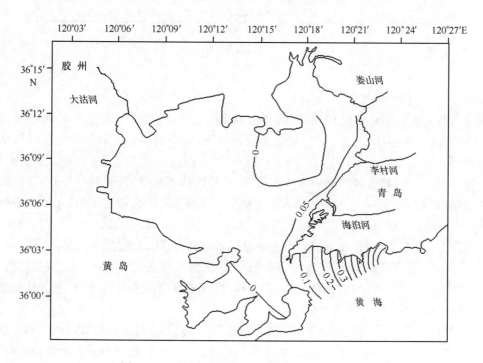

图 5-3　1983 年 9 月表层汞含量的分布(μg/L)

0.244 μg/L,表层汞含量的等值线,展示以站位 H36 为中心,形成了 1 个汞含量相对比较高的区域,并组成了一系列不同梯度的同心圆,汞含量从中心的 0.244 μg/L 沿梯度降低到 0.028 μg/L(图 5 - 4)。在胶州湾的湾口水域和东北部的近岸水域,都形成了汞含量低值区域。

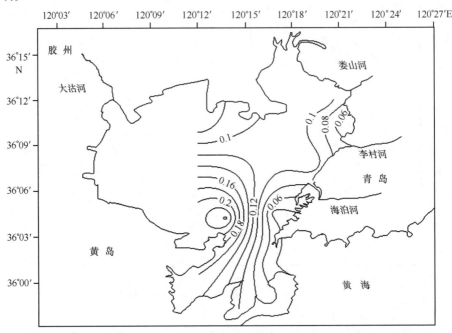

图 5 - 4   1983 年 10 月表层汞含量的分布(μg/L)

5.2.2.2   水平底层汞分布

在 1983 年 5 月、9 月和 10 月,在胶州湾的湾口水域,从湾口内侧到湾口,再到湾口外侧,设置站位 H34、H35、H36、H37,对汞含量进行表、底层的调查。汞含量在底层的水平分布如下。

在 1983 年 5 月,在胶州湾的湾口水域,从湾口内侧到湾口,再到湾口外侧,在湾口有 1 个低值区域,形成了一系列不同梯度的低值中心,在外部,汞含量为 0.017 μg/L,沿梯度降低到中心的 0.010 μg/L(图 5 - 5)。

在 1983 年 9 月,在胶州湾的湾口水域,从湾口内侧到湾口,再到湾口外侧,汞含量沿梯度升高。由 0.009 μg/L 逐渐增加到 0.064 μg/L,这表明在此区域底层,汞含量比较低,沿梯度变化也比较低。底层汞含量的水平分布呈由湾口内侧到湾口,再到湾口外侧逐渐增加的趋势(图 5 - 6)。

在 1983 年 10 月,在胶州湾的湾口水域,从湾口内侧到湾口,再到湾口外侧,汞含量沿梯度下降。由 0.284 μg/L 逐渐减少到 0.009 μg/L,这表明在此区域底层,汞含量比较高,沿梯度变化也比较高。底层汞含量的水平分布都呈湾口内侧到湾口,再到湾口外侧逐渐减少的趋势(图 5 - 7)。

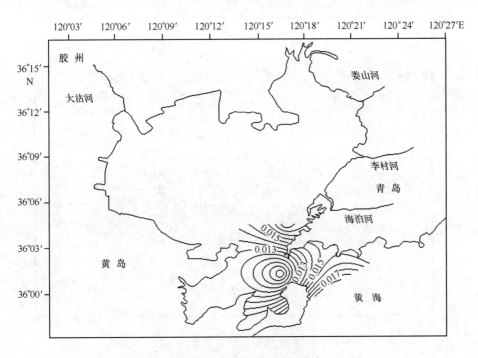

图5-5　1983年5月底层汞含量的分布（μg/L）

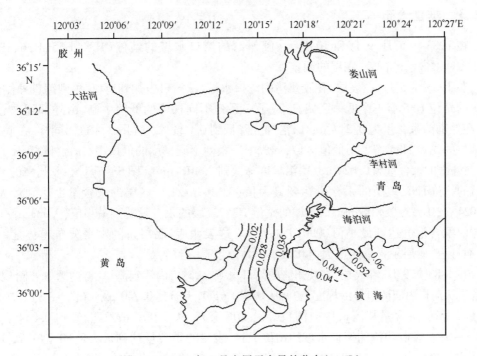

图5-6　1983年9月底层汞含量的分布（μg/L）

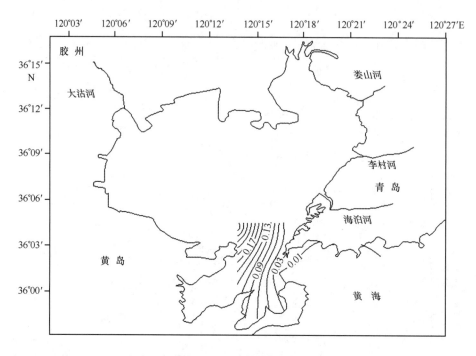

图 5 - 7　1983 年 10 月底层汞含量的分布(μg/L)

5.2.3　垂直分布

在 1983 年 5 月、9 月和 10 月,在胶州湾的湾口水域的站位(H34、H35、H36、H37、H82),对汞含量进行表、底层的调查。

在 1983 年 5 月,在表层,在胶州湾的湾口水域,从湾口内侧到湾口,再到湾口外侧,在湾口的站位 H35 有 1 个低值区域,形成了一系列不同梯度的低值中心,由外部到中心降低,在外部的汞含量为 0.214 μg/L,沿梯度降低到 0.023 μg/L(图 5 - 2)。同样,在底层,在湾口的站位 H35 有 1 个低值区域,形成了一系列不同梯度的低值中心,由外部到中心降低,在外部的汞含量为 0.024 μg/L,沿梯度降低到 0.010 μg/L(图 5 - 5)。在胶州湾的湾口水域的站位 H82,表层的汞含量达到最大值(0.214 μg/L),底层的汞含量也达到最大值(0.024 μg/L);在胶州湾的湾口水域的站位 H35,表层的汞含量达到最小值(0.023 μg/L),底层的汞含量也达到最小值(0.010 μg/L)。这表明表、底层汞的水平分布趋势是一致的,而且表、底层汞含量的最大值和最小值站位也是一致的。

在 1983 年 9 月,在表层,在胶州湾的湾口水域,从湾口内侧到湾口,再到湾口外侧,表层汞含量从湾口内向湾口外沿梯度上升,从 0.020 μg/L 上升到 0.740 μg/L(图 5 - 3)。同样,在底层,底层汞含量从湾口内向湾口外沿梯度上升,从 0.009 μg/L 上升到 0.064 μg/L(图 5 - 6)。在胶州湾的湾口水域的站位 H34,表层的汞含量达到最大值(0.740 μg/L),底层的汞含量也达到最大值(0.064 μg/L);在胶州湾的湾口水域的站位 H36,表层的汞含量达到最小值(0.020 μg/L),底层的汞含量也达到最小值(0.009 μg/L)。这表明表、底层汞的水平分布趋势是一致的,而且表、底层汞含量的最大值和最小值站位也是一致的。

在 1983 年 10 月,在表层,在胶州湾的湾口水域,从湾口内侧到湾口,再到湾口外侧,表层汞含量从湾口内向湾口外沿梯度下降,从 0.244 μg/L 下降到 0.028 μg/L(图 5-4)。同样,在底层,底层汞含量从湾口内向湾口外沿梯度下降,从 0.284 μg/L 下降到 0.009 μg/L (图 5-7)。在胶州湾的湾口水域的站位 H36,表层的汞含量达到最大值(0.244 μg/L),底层的汞含量也达到最大值(0.284 μg/L)。这表明表、底层汞的水平分布趋势是一致的,而且表、底层汞含量的最大值站位也是一致的。

在 1983 年 5 月、9 月和 10 月,在胶州湾的湾口水域站位(H34、H35、H36、H37、H82),表、底层的汞含量相减,其差为 -0.012~0.676 μg/L,如果除去在 9 月的 H34 外,其差为 -0.012~0.045 μg/L,这表明表、底层的汞含量都相近。

5.2.4　季节分布

5.2.4.1　季节表层汞分布

在胶州湾水域的表层水体中,在 1983 年 5 月,水体表层的汞含量范围为 0.016~0.214 μg/L;在 9 月,水体表层的汞含量范围为 0.009~0.740 μg/L;在 10 月,水体表层的汞含量范围为 0.028~0.244 μg/L。这表明在 5 月、9 月和 10 月中,9 月水体表层的汞含量范围涵盖了 5 月和 10 月的。可见,水体表层汞的季节分布已经不明显了。

5.2.4.2　季节底层汞分布

在胶州湾的湾口水域,在 1983 年 5 月,水体底层的汞含量范围为 0.010~0.017 μg/L;在 9 月,水体底层的汞含量范围为 0.009~0.064 μg/L;在 10 月,水体底层的汞含量范围为 0.009~0.284 μg/L。这表明在 5 月、9 月和 10 月中,9 月水体底层的汞含量范围涵盖了 5 月和 10 月的。可见,水体底层汞的季节分布已经不明显了。

5.3　汞的输入方式

5.3.1　水质

在 1983 年 5 月和 9 月,在胶州湾整个湾内水域,表层水质汞含量符合国家一类海水水质标准(0.05 μg/L)。在 5 月,在胶州湾的湾外水域,汞含量高于国家二类海水水质标准,属于四类海水。在 9 月,在胶州湾的湾外水域,汞含量高于国家四类海水水质标准,属于超四类海水。在 10 月,在胶州湾的湾口水域附近,表层水质汞含量符合国家一类海水水质标准(0.05 μg/L),在胶州湾的西南水域,水体中的汞含量超过国家二类海水水质标准(0.20 μg/L),达到了国家四类海水水质标准(0.50 μg/L)。除了胶州湾的湾口水域和西南水域,在胶州湾的其他水域,汞含量符合国家二类海水的水质标准(0.20 μg/L)(图 5-8)。

在 1983 年 5 月,在汞含量方面,在胶州湾整个湾内水域没有受到汞的污染,而在湾外水域受到汞的污染。在 9 月,在汞含量方面,在胶州湾整个湾内水域没有受到汞的污染,而在湾外水域受到汞的严重污染。在 10 月,在汞含量方面,在胶州湾整个水域都受到汞

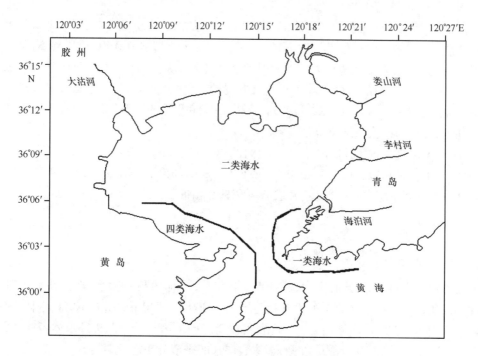

图 5 - 8　1983 年 10 月表层汞含量的海水标准区域划分(μg/L)

的污染,尤其在西南水域,汞的污染非常严重,只有在胶州湾的湾口和湾外水域,没有受到汞的污染。

5.3.2　来源

通过胶州湾汞含量在 1983 年 5 月和 9 月的水平变化,其水平分布展示了汞含量较低的水域在胶州湾的湾内,而汞含量较高的水域在胶州湾的湾外。在 5 月,在胶州湾的整个湾内水域,表层汞含量都非常低(0.016 ~ 0.041 μg/L)。在 9 月,在胶州湾的整个湾内水域,表层汞含量都比较低(0.009 ~ 0.043 μg/L)。在 5 月,在胶州湾的湾外水域,表层汞含量都比较高,最高值达到 0.214 μg/L。在 9 月,在胶州湾的湾外水域,表层汞含量很高,最高值达到 0.740 μg/L。在 10 月,在胶州湾的西南水域,表层汞含量相对比较高,最高值达到 0.244 μg/L。因此,在 5 月和 9 月,胶州湾汞只有一个来源:湾口外的水域,由海流输送的汞入湾。在 10 月,由于没有河流在胶州湾西南沿岸水域入海,这表明地表径流直接输送汞入海。

5.3.3　陆地迁移过程

在胶州湾水域,海洋中重金属汞的来源是自然来源。那么,汞来源于如海底火山喷发等,其将地壳深处的重金属汞带上海底,经过海流水流的作用把重金属汞注入海洋,输送到胶州湾的湾口外水域[8-11],并可以进一步输送到胶州湾的湾口水域以及湾口内水域。因此,在 1983 年 5 月和 9 月,整个胶州湾水域的汞水平分布展示了海洋输送汞到胶州湾的湾口外侧、湾口以及湾口内侧水域的情况,海流输送的汞含量为 0.214 ~ 0.740 μg/L。在 10

月,由于在胶州湾西南沿岸没有入海的河流,可见,汞是由土壤中残留的汞通过地表径流汇入近岸水域的。地表径流是由雨季所决定的[4~7],地表径流输送的汞含量为0.244 μg/L。

5.3.4 水域迁移过程

在1983年5月和9月,海流输送汞到胶州湾的湾口水域,是从胶州湾的湾口外侧到湾口,然后到湾口内侧的水域;在10月,地表径流输送汞到胶州湾的湾口水域,其是从胶州湾的湾口内侧到湾口,然后到湾口外侧的水域。在5月、9月和10月,汞含量的表、底层水平分布趋势是一致的,这与1981年的是一样的[6]。胶州湾表、底层水中汞含量的分布变化证实了汞的水域迁移过程[4~7]和水域迁移机制[12,13],表明重金属汞随海流或者地表径流入海后,不易溶解,迅速由水相转入固相,在水体中,颗粒物质和生物体将汞从表层带到底层,最终转入沉积物中。

5.3.5 季节变化过程

在胶州湾水域的表层水体中,在1983年5月、9月和10月,9月水体表层的汞含量范围为0.009~0.740 μg/L,涵盖了5月和10月的。可见,水体表层汞的季节分布已经不明显了。同样,在胶州湾湾口水域的底层水体中,在5月、9月和10月,10月水体底层的汞含量范围为0.009~0.284 μg/L,涵盖了5月和9月的。可见,水体底层汞的季节分布已经不明显了。因此,在5月、9月和10月,表、底层的汞含量都没有季节的变化了。

在1983年5月、9月和10月,水体表层的汞含量最高在9月,水体底层的汞含量最高在10月。这表明在9月,输入胶州湾水域的汞浓度就很高;在10月,通过汞的沉降过程,水体底层的汞话含量就累加到很高了。

1979年、1980年和1981年胶州湾表层的汞含量的季节变化[5~7]是一致的:在一年中,春季表层的汞含量比较高,夏季表层的汞含量比较低,秋季更低。可是,1982年表层的汞含量的季节变化与1979年、1980年和1981年是不一样的,1982年表层汞的含量的季节变化为:水体表层的汞含量由高到低依次为7月、10月、4月,相应的水体表层的汞含量由高到低的季节变化为夏季、秋季、春季;水体底层的汞含量由高到低依次为10月、7月、4月,相应的水体底层的汞含量由高到低的季节变化为秋季、夏季、春季。那么,到了1983年发生了进一步的变化:水体表层的汞含量最高在9月,说明夏季最高,而且其表层的汞含量范围包含了春季和秋季;水体底层的汞含量最高在10月,说明秋季最高,而且其底层的汞含量范围包含了春季和夏季。

从1979—1983年,输入胶州湾水域的汞含量和输入方式都发生了改变,1979—1981年都是以河流输送为主,而且输送的汞浓度都非常高。而1982年输入主要以地表径流输送为主,而且输送的汞浓度都非常低。到了1983年,主要为海流输送的汞,也有地表径流输送,而且地表径流输送的汞浓度也非常低。在1979—1981年,表层汞含量有季节变化[5~7],而且是一致的。在1982年,表层汞含量有季节变化[8],但与1979—1981年的变化已经不一样了;到了1983年,在5月、9月和10月,表、底层的汞含量都没有季节的变化了。因此,随着输入胶州湾水域的汞含量的降低,输入方式的改变,汞含量的季节变化也发生了改变。

5.4 结论

在1983年5月、9月和10月,汞在胶州湾水体中的含量范围为0.009~0.740 μg/L,存在一类到超四类的海水。在5月,在汞含量方面,在胶州湾整个湾内水域没有受到汞的污染,表层水质汞含量符合国家一类海水水质标准,而在湾外水域受到汞的污染,属于四类海水。在9月,在汞含量方面,在胶州湾整个湾内水域没有受到汞的污染,符合国家一类海水水质标准,而在湾外水域受到汞的严重污染,属于超四类海水。在10月,在汞含量方面,在胶州湾整个水域都受到汞的污染,符合国家二类海水水质标准,尤其在西南水域,汞的污染非常严重,属于四类海水,只在胶州湾的湾口和湾外水域,没有受到汞的污染。

通过1983年5月、9月和10月的汞含量的水平变化,显示了在5月和9月,胶州湾汞含量只有一个来源,即湾口外的水域,这是由海流输送的汞造成的,海流输送的汞含量为0.214~0.740 μg/L。在10月,在没有河流的胶州湾西南沿岸水域,汞是由表径流携带入海造成的,地表径流输送的汞含量为0.244 μg/L。

通过1983年5月、9月和10月的汞含量的季节变化,显示了汞的陆地迁移过程,这也证实了1979—1982年的汞陆地迁移过程[5-7]。水体表层的汞含量最高在9月,这表明在9月,输入胶州湾水域的汞浓度就很高的,而且夏季最高,其表层含量范围涵盖春季和秋季;水体底层的汞含量最高在10月,这表明在10月,通过汞的沉降过程,水体底层的汞含量就累加到很高了,而且秋季最高,其底层含量范围涵盖了春季和夏季。因此,在5月、9月和10月,表、底层的汞含量都没有季节的变化了。这表明随着输入胶州湾水域的汞含量的降低,输入方式的改变,汞含量的季节变化也发生了改变。

在1983年5月、9月和10月,在胶州湾的湾口水域,汞的表、底层分布变化证实了汞的水域迁移过程[5-7]和水域迁移机制[8,9]。在5月和9月,海流输送汞到胶州湾的湾口水域,即从胶州湾的湾口外侧到湾口,然后进入湾口内侧的水域;在10月,地表径流输送汞到胶州湾的湾口水域,即从胶州湾的湾口内侧到湾口,然后进入湾口外侧的水域。在5月、9月和10月,汞含量的表、底层水平分布趋势是一致的,

在1983年5月和9月,在胶州湾的整个湾内水域,水质清洁,没有受到汞的污染,而在10月,胶州湾西南沿岸水域严重污染,进而造成了胶州湾的整个湾内水域受到污染。如果汞污染源的排放得到了控制,输入胶州湾水域的汞大为减少,会使胶州湾水域的水质得到大幅的改善。如果有一些汞污染源的排放没有充分控制,就会使胶州湾整个水域受到汞的污染。因此,需要提高控制汞排放的能力,同时,要了解输入胶州湾水域的汞含量来源及方式,如,河流输送、地表径流直接输送和海流输送,这样,可减少汞的污染,使环境可持续利用。

参考文献

[1] 柴松芳. 胶州湾海水总汞含量及其分布特征[J]. 黄渤海海洋. 1998,16(4):60-63.
[2] 张淑美,庞学忠,郑舜琴. 胶州湾潮间带区海水中汞含量[J]. 海洋科学,1987,6(2):35-36.

［3］ 吕小乔,孙秉一,史致丽．胶州湾中汞的含量及其形态的分布规律［J］．青岛海洋大学学报,
1990, 20(4) :107 – 114.

［4］ 杨东方,曹海荣,高振会,等．胶州湾水体重金属汞Ⅰ．分布和迁移［J］．海洋环境科学,2008,
27(1): 37 – 39.

［5］ 杨东方,王磊磊,高振会,等．胶州湾水体重金属汞Ⅱ．分布和污染源［J］．海洋环境科学,2009,
28(5):501 – 505.

［6］ 陈豫,张饮江,郭军辉,等．胶州湾水体重金属汞的分布和季节变化．海洋开发与管理,2013,
30(6): 81 – 83.

［7］ 杨东方,孙培艳, 鞠莲,等．胶州湾水体重金属汞的分布和含量［J］．海岸工程,2013,32(4): 65 –
76.

［8］ 杨东方,高振会,编著．海湾生态学［M］．北京:中国教育文化出版社,2006,1 – 291。

［9］ 杨东方,苗振清,编著．海湾生态学(上册)［M］．杨东方,高振会,编著．海湾生态学(下册)［M］．
北京:海洋出版社,2010,1 – 650.

［10］ 杨东方,陈豫,王虹,等．胶州湾水体镉的迁移过程和本底值结构［J］．海岸工程,2010,29(4):
73 – 82.

［11］ 杨东方,赵玉慧,卜志国,等．胶州湾水域重金属砷的分布及迁移［J］．海洋开发与管理, 2014,
31(1): 75 – 79.

［12］ 杨东方,高振会,孙培艳,等．胶州湾水域有机农药六六六春、夏季的含量及分布［J］．海岸工
程,2009,28(2): 69 – 77.

［13］ 杨东方,苗振清,徐焕志,等．有机农药六六六对胶州湾海域水质的影响——水域迁移过程［J］．
海洋开发与管理, 2013, 30(1): 46 – 50.

第6章　胶州湾水体重金属汞的
分布和重力特性

在工农业的发展过程中,产生了大量的含汞废水,排放到河流,河流又将大量的汞输送到近海,展示了重金属的迁移过程,从河流到近海都受到了汞的污染[1-5]。汞作为一种生物毒性很强的环境污染物,在生物体内易积累、难分解,具有强烈的致畸、致癌作用,严重威胁着人类健康[6-8]。因此,需要对汞的重力特性和陆地、水域的迁移进行研究,来保护环境和人类的健康。

学者对在胶州湾水域汞的含量、分布和迁移以及过程都进行了研究[9-13]。根据1985年的调查资料,分析胶州湾水体中汞的含量、来源、水平分布、垂直分布和季节变化,研究胶州湾汞的重力特性和陆地、水域迁移过程以及季节变化过程,为了解汞的污染过程和进行汞的综合治理提供了科学理论依据。

6.1　背景

6.1.1　胶州湾自然环境

胶州湾位于山东半岛南部,其地理位置为$35°58′\sim36°18′N,120°04′\sim120°23′E$,以团岛与薛家岛连线为界,与黄海相通,面积约为$446\ km^2$,平均水深约$7\ m$,是一个典型的半封闭型海湾。胶州湾入海的河流有十几条:其中径流量和含沙量较大的为大沽河和洋河,青岛市区的海泊河、李村河、板桥坊河、娄山河和湾头河5条河基本上无自身径流,河道上游常年干涸,中、下游已成为市区工业废水和生活污水的排污河,构成了外源有机物质和污染物的重要来源。

6.1.2　材料与方法

本章所使用的1985年4月、7月和10月胶州湾水体汞的调查资料由国家海洋局北海监测中心提供。在4月、7月和10月,在胶州湾水域设6个站位取水样:2031、2032、2033、2034、2035、2047(图6-1)。分别于1985年4月、7月和10月3次进行取样,根据水深取水样(大于10 m时取表层和底层,小于10 m时只取表层),现场过滤,加H_2SO_4至pH值小于2,储存于玻璃瓶中,放入装有冰块的保温桶内保存,送回实验室冰箱冷冻保存直至分析。

6.1.3　样品的测定

水样中的汞用冷原子吸收分光光度法进行测定,测定之前需要先把水样进行硝化预

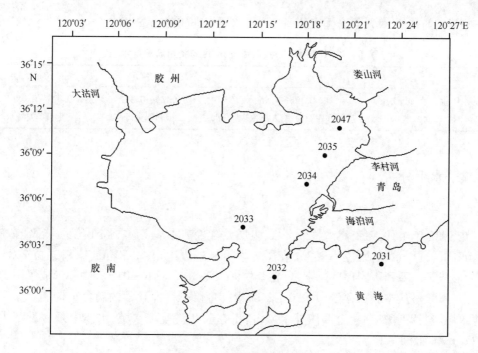

图 6 - 1　胶州湾调查站位图

处理。首先量取 100 mL 水样于 250 mL 锥形瓶中,加 2.5 mL H_2SO_4 溶液(1:1),0.25 g $K_2S_2O_8$ 溶液,加热煮沸 1 min 后冷却至室温,滴加 2 mL $NH_2OH - HCL$ 溶液。再将水样转入汞蒸汽发生瓶中进行测定。最后量取 100 mL 无汞纯水测量空白值。

6.2　汞的分布

6.2.1　含量大小

在 1985 年 4 月,汞在胶州湾水体中的含量范围为 0.125 ~ 4.950 μg/L,高值区域出现在胶州湾的东部和北部沿岸水域。在站位为 2034、2035、2047,汞在水体中的含量范围为 0.975 ~ 4.950 μg/L,远远高于国家四类海水水质标准(0.5 μg/L),其中站位 2035,汞含量最高,为 4.950 μg/L,属于超四类海水(0.5 μg/L)。在湾口内,湾口和湾口外水域站位 2031、2032、2033,汞在水体中的含量范围为 0.125 ~ 0.200 μg/L,属于国家二类海水水质标准(0.20 μg/L)。

在 1985 年 7 月,汞在胶州湾水体中的含量范围为 0.126 ~ 0.347 μg/L,高值区域出现在胶州湾的东部和北部沿岸水域站位,其中最高值出现在胶州湾的东部水域,站位为 2034,汞含量为 0.347 μg/L,符合国家四类海水水质标准(0.50 μg/L)。在整个胶州湾水域符合国家二类和四类海水的水质标准。

在 1985 年 10 月,汞在胶州湾水体中的含量范围为 0.029 ~ 0.051 μg/L,在胶州湾的东部水域,汞的含量范围为 0.050 ~ 0.051 μg/L,符合国家二类海水的水质标准(0.20 μg/L)。

而在胶州湾的其他水域,符合国家的一类海水水质标准(0.05 μg/L)。

表6-1　1985年4月、7月和10月的胶州湾表层水质

	4月	7月	10月
海水中汞含量(μg/L)	0.125～4.950	0.126～0.347	0.029～0.051
国家海水标准	二类和四类海水以及超四类海水	二类和四类海水	一类和二类海水

6.2.2　水平分布

6.2.2.1　水平表层分布

在1985年4月,在胶州湾整个水域,表层汞含量都非常高。在胶州湾的东部,在李村河入海口的近岸水域,站位为2035,表层汞含量最高值达到4.950 μg/L,以站位2035为中心,形成了一系列不同梯度。于是,在李村河入海口,以站位2035为中心形成了汞的高含量区,汞含量从中心高含量(4.950 μg/L)沿梯度降低。而且汞的高含量扩展到整个胶州湾水域,包括到湾口,甚至到湾外水域,使得在胶州湾整个水域,水体中汞含量都大于0.125 μg/L(图6-2)。

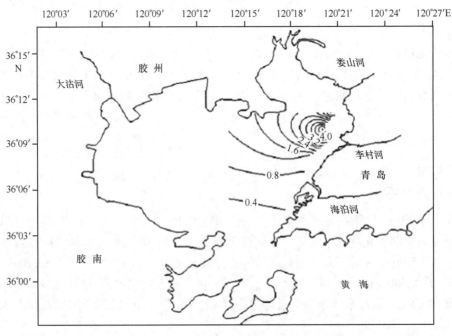

图6-2　1985年4月表层汞含量的分布(μg/L)

在7月,在胶州湾整个水域,表层汞含量相对较高。在胶州湾的东北部,在娄山河入海口的近岸水域,站位为2047,表层汞含量最高值达到0.255 μg/L,以站位2047为中心,形成了一系列不同梯度。于是,在娄山河入海口,以站位2047为中心形成了汞的高含量区,汞含量从中心高含量(0.255 μg/L)沿梯度降低。同样,在胶州湾的东部,在海泊河入

海口的近岸水域,站位为2034,表层汞含量最高值达到0.347 μg/L,以站位2034为中心,形成了一系列不同梯度。于是,在海泊河入海口,以站位2034为中心形成了汞的高含量区,汞含量从中心高含量(0.347 μg/L)沿梯度降低。由于有娄山河和海泊河的汞高含量输送,导致了在胶州湾整个水域,水体中的汞含量都大于0.126 μg/L(图6-3)。

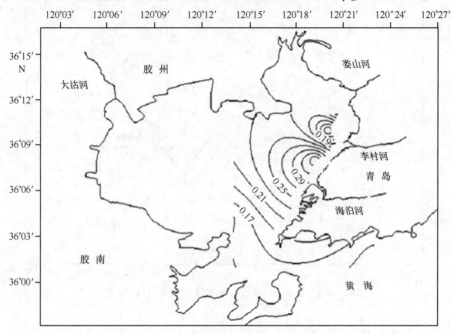

图6-3 1985年7月表层汞含量的分布(μg/L)

在1985年10月,在胶州湾整个水域,表层汞含量比较低。在海泊河和李村河的入海口之间的近岸水域,有1个汞含量相对比较高的区域,大于0.050 μg/L,形成了一系列不同梯度的半同心圆,汞含量从中心沿梯度降低。这是由于海泊河和李村河的输送汞含量分别为0.051 μg/L和0.050 μg/L。在海泊河和李村河的入海口之间的近岸水域,汞含量形成了叠加,造成了此近岸水域为汞的相对高含量区域。因为输入的汞含量为0.051 μg/L和0.050 μg/L,所以,在整个胶州湾水域,呈现出由近岸水域向湾中心的逐渐减少趋势,小于0.050 μg/L(图6-4)。

6.2.2.2 水平底层分布

在1985年4月、7月和10月,在胶州湾的湾口水域,从湾口内侧到湾口,再到湾口外侧,设站位2033、2032、2031:湾口内侧站位2033,湾口站位2032,湾口外侧站位2031,对汞含量进行调查。汞在底层的水平分布如下。

在1985年4月,在胶州湾的湾口水域,从湾口内侧到湾口,再到湾口外侧,在湾口有1个低值区域,形成了一系列不同梯度的低值中心,由湾口外侧的外部到中心降低,在外部的汞含量为0.075 μg/L,沿梯度降低到中心的0.025 μg/L(图6-5)。

在1985年7月,在胶州湾的湾口水域,从湾口内侧到湾口,再到湾口外侧,汞含量沿

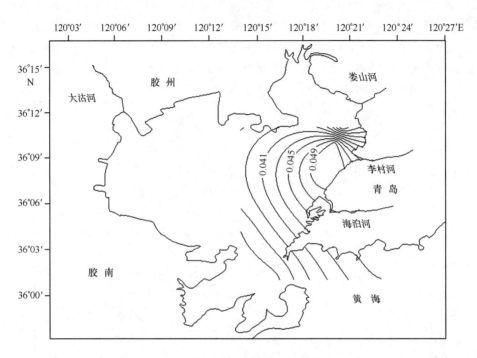

图 6-4 1985 年 10 月表层汞含量的分布（μg/L）

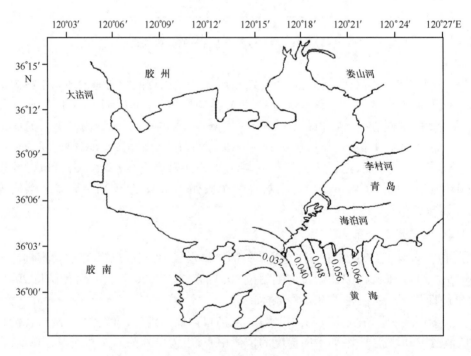

图 6-5 1985 年 4 月底层汞含量的分布（μg/L）

梯度降低。由 0.333 μg/L 逐渐降低到 0.097 μg/L,这表明在此底层区域,汞含量比较高,沿梯度变化也比较高。底层汞含量的水平分布都呈由湾口内侧到湾口,再到湾口外侧逐渐降低的趋势(图 6 – 6)。

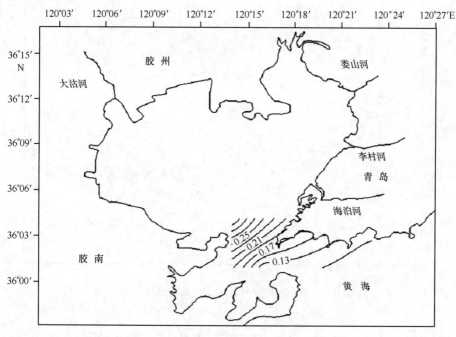

图 6 – 6 1985 年 7 月底层汞含量的分布(μg/L)

在 1985 年 10 月,在胶州湾的湾口水域,从湾口内侧到湾口,再到湾口外侧,在湾口有 1 个低值区域,形成了一系列不同梯度的低值中心,由湾口外侧的外部到中心汞含量降低,在外部的汞含量为 0.043 μg/L,沿梯度降低到 0.004 μg/L(图 6 – 7)。

6.2.3 垂直分布

在 1985 年 4 月、7 月和 10 月,在胶州湾的湾口水域设站位 2033、2032、2031,对汞含量进行表、底层调查。

在 1985 年 4 月,在胶州湾的湾口水域表层,从湾口内侧到湾口,再到湾口外侧,在李村河入海口形成了汞的高含量区,汞含量从中心高含量(4.950 μg/L)沿梯度降低。汞的高含量扩展到整个胶州湾水域,包括到湾口,甚至到湾外水域,从湾口内侧到湾口,再到湾口外侧,汞含量从 0.200 μg/L 沿梯度降低到 0.125 μg/L(图 6 – 2)。在底层,在湾口有 1 个低值区域,形成了一系列不同梯度的低值中心,由湾口外侧的外部到中心汞含量降低,在外部的汞含量为 0.075 μg/L,沿梯度降低到 0.025 μg/L(图 6 – 5)。

这说明在表层,湾内的汞的高含量扩展到湾外,而在底层,由于汞含量比较低,又经过海流经过湾口的快速输送,于是,在胶州湾的湾口水域,形成了 1 个低值区域。

在 1985 年 7 月,在胶州湾的湾口水域表层,从湾口内侧到湾口,再到湾口外侧,表层汞含量从湾口内侧向湾口外沿梯度上升,从 0.148 μg/L 上升到 0.164 μg/L,而从湾

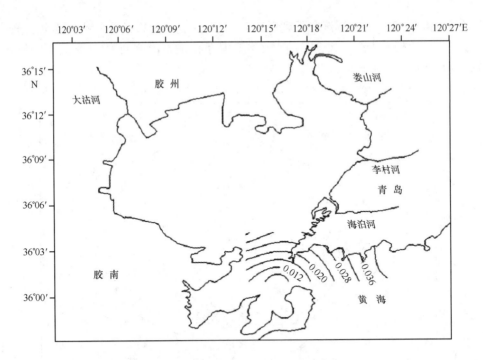

图 6-7 1985 年 10 月底层汞含量的分布(μg/L)

口向湾口外侧沿梯度下降,从 0.164 μg/L 下降到 0.139 μg/L,于是,在胶州湾的湾口水域,形成了 1 个相对的高值区域。在底层,底层汞含量从湾口内向湾口外沿梯度下降,从 0.333 μg/L 下降到 0.097 μg/L(图 6-6)。

这表明,由于汞含量的迅速沉降,在湾口内侧的表层由 4 月到 5 月汞含量在下降,而在湾口内侧的底层汞含量又因累计达到相对比较高。而在湾口外侧表层的汞含量一直比较低,故在湾口外侧的底层汞含量也一直比较低。

在 1985 年 10 月,在表层,在胶州湾的湾口水域,从湾口内侧到湾口,再到湾口外侧,在湾口有 1 个汞含量低值区域,形成了一系列不同梯度的低值中心,由湾口外侧的外部到中心汞含量低,在外部的汞含量为 0.046 μg/L,沿梯度降低到 0.034 μg/L。同样,在底层,在湾口有 1 个汞含量低值区域,形成了一系列不同梯度的低值中心,由湾口外侧的外部到中心汞含量降低,在外部的汞含量为 0.043 μg/L,沿梯度降低到 0.004 μg/L。

因此,在表层,在胶州湾的湾口水域,从湾口内侧到湾口,再到湾口外侧,汞在水体中的含量范围为 0.034 ~ 0.046 μg/L,而在底层,汞在水体中的含量范围为 0.004 ~ 0.043 μg/L,这说明在表层和底层汞含量都比较低,又经过海流湾口的快速输送,于是,在胶州湾的湾口水域,在表层和底层都形成了 1 个汞含量的低值区域。

6.2.4 季节分布

6.2.4.1 季节表层汞分布

在胶州湾水域的表层水体中,在 1985 年 4 月,水体表层的汞含量范围为 0.125 ~

4.950 µg/L;在 7 月,水体表层的汞含量范围为 0.126 ~ 0.347 µg/L;在 10 月,水体表层的汞含量范围为 0.029 ~ 0.051 µg/L。这表明在 4 月、7 月和 10 月,水体表层的汞含量范围变化非常大,表层的汞含量由高到低依次为 4 月、7 月、10 月。因此,水体表层的汞含量由高到低的季节变化为春季、夏季、秋季。

6.2.4.2　季节底层汞分布

在胶州湾的湾口水域,底层的水体中,在 1985 年 4 月,水体底层的汞含量范围为 0.025 ~ 0.075 µg/L;在 7 月,水体底层的汞含量范围为 0.097 ~ 0.333 µg/L;在 10 月,水体底层的汞含量范围为 0.004 ~ 0.043 µg/L。这表明在 4 月、7 月和 10 月,水体底层 7 月的汞含量范围都高于 4 月和 10 月,而水体底层 10 月的汞含量范围相应低于 4 月和 7 月。可见,水体底层的汞含量为 7 月最高,10 月最低。

这说明在 1985 年 4 月、7 月和 10 月,水体底层的汞含量范围变化非常大,由高到低依次为 7 月、4 月、10 月。因此,水体底层的汞含量由高到低的季节变化为夏季、春季、秋季。

6.3　汞的重力特性

6.3.1　水质

在 1985 年 4 月,在胶州湾的东部和北部沿岸水域,水体的汞含量远远高于国家四类海水水质标准(0.5 µg/L),汞的这样高含量扩展到整个胶州湾水域,包括到湾口,甚至到湾外水域。于是,在整个胶州湾水域,都成为二类、四类海水以及超四类海水。这说明春季胶州湾汞污染比较严重。

在 1985 年 7 月,在胶州湾的东部和北部沿岸水域站位,符合国家四类海水的水质标准。在胶州湾的其他水域,符合国家二类海水的水质标准。在整个胶州湾水域符合国家二类和四类海水的水质标准。这说明到了夏季胶州湾汞污染有所减轻。

在 1985 年 10 月,在胶州湾的东部水域,汞符合国家二类海水的水质标准。而在胶州湾的其他水域,符合国家一类海水水质标准。这说明到了秋季胶州湾汞污染较轻微。

6.3.2　来源

在胶州湾整个水域,1985 年 4 月、7 月和 10 月,水体表层汞含量的水平分布状况等值线由东北向西南方向递减。在 4 月,在李村河海口的近岸水域有 1 个高值区域,形成了一系列不同梯度的高值中心,由中心向外部降低,尤其是在河口区站位 2035,汞含量达到 4.95 µg/L,而且汞的高含量扩展到整个胶州湾水域。在 7 月,分别在娄山河入海口的近岸水域和在海泊河入海口的近岸水域,形成了一系列不同梯度的两个同心圆的高值区域,中心浓度分别为 0.255 µg/L 和 0.347 µg/L,由于有娄山河和海泊河的汞高含量输送,导致了在胶州湾整个水域,水体中的汞含量都大于 0.126 µg/L。在 10 月,在海泊河和李村河的入海口之间的近岸水域以 2034 站位为中心有一个相对高值区域,其中心的汞含量为 0.049 µg/L。在海泊河和李村河的入海口之间的近岸水域,汞含量形成了叠加,造成了此近岸水域为汞的相对高含量区域。因此,汞来源于海泊河、李村河和娄山河的河流输送。

6.3.3　陆地迁移过程

在1985年4月、7月和10月,胶州湾表层水域,由汞含量的分布显示,在东部3条入湾径流(海泊河、李村河和娄山河)的河口区以及其近岸海域,汞含量都很高。这表明胶州湾汞来源于海泊河、李村河和娄山河的河流输送,而且胶州湾水域的汞污染主要来自于点污染源。这与1979年、1980年和1981年较为一致,1979年、1980年和1981年汞都是以河流输送为主,而且输送的汞浓度都非常高[9~11]。造成河流的汞污染是陆源污染物通过工业废水和生活污水携带由排污河进入的,成为主要的污染源,于是,胶州湾水域的汞含量受到人类活动的影响是非常显著的。

6.3.4　水域迁移过程

在1985年4月、7月和10月,在空间上,从胶州湾的东部的海泊河、李村河和娄山河的河口区以及其近岸水域,到胶州湾的湾口水域,水体表层的汞含量从高值降低到低值,展示了重金属汞的重力特性,汞的迅速沉降。在时间上,水体表层的汞含量范围变化非常大,水体表层的汞含量由高到低的月份依次为4月、7月、10月,水体表层的汞含量由高到低的季节变化为春季、夏季、秋季,这也展示了重金属汞的重力特性,汞的迅速沉降。在垂直分布上,由于汞含量的迅速沉降,在湾口内侧的水体表层的汞含量由4月到5月逐渐下降,而在湾口内侧的水体底层汞含量因累计达到相对比较高的水平。而在湾口外侧的水体表层的汞含量一直比较低,故在湾口外侧的水体底层汞含量也一直比较低。这也是由于重金属汞的重力特性造成的。胶州湾表、底层水中汞含量的分布变化证实了汞的水域迁移过程[9~13]和水域迁移机制[14~16],于是,汞的沉降过程[9~13]表明重金属汞随海流或者地表径流入海后,不易溶解,迅速由水相转入固相,在水体中,颗粒物质和生物体将汞从表层带到底层,最终转入沉积物中。

6.3.5　季节变化过程

在1985年4月、7月和10月,在胶州湾水域的表层水体中,表层的汞含量范围变化非常大,表层的汞含量由高到低依次为4.950 μg/L、0.347 μg/L、0.051 μg/L,每次都降低一个数量级。其相应的月份是4月、7月、10月。因此,水体表层的汞含量由高到低的季节变化为:春季、夏季、秋季。

在胶州湾的湾口水域,底层的水体中,在1985年4月,水体底层的汞含量为0.075 μg/L;7月上升到0.333 μg/L,而到了10月,水体底层的汞含量又下降到0.043 μg/L,这比4月还低。

在1985年4月、7月和10月,水体表层的汞含量最高在4月,水体底层的汞含量最高在7月。这表明在4月,输入胶州湾水域的汞浓度就很高的;在7月,通过汞的沉降过程,水体底层的汞含量就累加到很高了。这样,水体底层的汞含量由高到低依次为7月、4月、10月。因此,水体底层的汞含量由高到低的季节变化为夏季、春季、秋季。

1985年与1979年、1980年和1981年胶州湾水体表层的汞含量的季节变化[9~11]是一致的:在一年中,春季水体表层的汞含量比较高,夏季水体表层的汞含量比较低,秋季更低。在1979—1981年,水体表层汞含量有季节变化[9-11],而且是一致的。同样,在1985年,水体表层汞含量也有季节变化,与1979—1981年也是一致的。

6.4　结论

在1985年4月、7月和10月,在胶州湾水体中的汞含量范围为0.029～4.950 μg/L,胶州湾水质为一类到超四类的海水。在4月,在汞含量方面,在胶州湾整个湾内水域受到汞的污染,符合国家二类海水水质标准,尤其在胶州湾的东部和北部近岸水域受到汞的严重污染,属于超四类海水。在7月,在汞含量方面,在胶州湾整个湾内水域受到汞的污染,符合国家二类海水水质标准,尤其在胶州湾的东部水域受到汞的污染较重,属于四类海水。在10月,在汞含量方面,在胶州湾整个水域都没有受到汞的污染,符合一国家类海水的水质标准,只有在胶州湾的东部水域,受到汞的轻微污染,属于二类海水。

通过1985年4月、7月和10月的汞含量的水平变化,展示了在4月、7月和10月,胶州湾汞含量只有1个来源,即由海泊河、李村河和娄山河的河流输送,而且输送的汞浓度都非常高。

通过1985年4月、7月和10月的汞含量的季节变化,展示了汞的陆地迁移过程,这也证实了1979—1981年的汞陆地迁移过程[9-11]。陆源污染物通过工业废水和生活污水,进入河流,造成河流的汞污染,然后由河流将汞污染物带到大海。

在1985年4月、7月和10月,在胶州湾的湾口水域,汞的表、底层分布变化证实了汞的水域迁移过程[9-11]和水域迁移机制[14-16]。由于重金属汞的重力特性,汞迅速沉降。于是,在空间上,从胶州湾的东部河口近岸水域到胶州湾的湾口水域,水体表层的汞含量从高值降低到低值;在时间上,从4月到7月,再到10月,表层的汞含量由高到低地变化;在垂直分布上,在4月,水体表层的汞含量最高,到7月,通过汞的沉降过程,水体底层汞含量就累加到很高了,水体底层的汞含量最高在7月。

在1985年4月、7月和10月,在胶州湾的整个湾内水域,由于河流对汞的输送,造成了胶州湾的整个湾内水域受到汞的污染。当河流输送的汞含量高时,湾内水域受到受到汞的污染就严重;当河流输送的汞含量低时,湾内水域受到汞的污染就轻微。因此,应对汞污染源的排放进行控制,使输入胶州湾水域的汞大为减少,从而减小汞有海水水质的影响,使胶州湾水域水质得到大幅的改善。

参考文献

[1] 杨东方,高振会. 海湾生态学[M]. 北京:中国教育文化出版社,2006,1-291。

[2] 杨东方,苗振清. 海湾生态学[M]. 北京:海洋出版社,2010,1-650.

[3] 杨东方,陈豫,王虹,等. 胶州湾水体镉的迁移过程和本底值结构[J]. 海岸工程,2010,29(4):73-82.

[4] 杨东方,苗振清. 胶州湾环境的分布状况及季节变化[M]北京:海洋出版社,2012,1-115.

[5] 杨东方,赵玉慧,卜志国,等. 胶州湾水域重金属砷的分布及迁移[J]. 海洋开发与管理,2014,31(1):109-112.

[6] Wheatly B,Wheatley M A. Methyl mercury and the health of indigenous peoples:a risk management challenge for physical and social sciences and for public health policy[J]. The Science of the Total Environment,2000,259:23-29.

[7] Choe K Y,Gill G A,Lehman R. Distribution of particulate colloidal and dissolved mercury in San Francisco Bay estuary[J]. Linmal Oceanorg,2003,48(4):1535-1546.

[8] Boszke B,Kowalski A,Siepak J. Grain size partition of mercury in sediments of the middle Odra river[J]. Water,Air and Soil Pollution,2004,159:125-138.

[9] 杨东方,曹海荣,高振会,等. 胶州湾水体重金属汞 Ⅰ. 分布和迁移[J]. 海洋环境科学,2008,27(1):37-39.

[10] 杨东方,王磊磊,高振会,等. 胶州湾水体重金属汞 Ⅱ. 分布和污染源[J]. 海洋环境科学,2009,28(5):501-505.

[11] 陈豫,张饮江,郭军辉,等. 胶州湾水体重金属汞的分布和季节变化. 海洋开发与管理,2013,30(6):81-83.

[12] 杨东方,孙培艳,鞠莲,等. 胶州湾水体重金属汞的分布和含量[J]. 海岸工程,2013,32(4):65-76.

[13] 杨东方,徐子钧,曲延峰,等. 胶州湾水体重金属汞的分布和输入方式[J]. 海岸工程,2014,33(1):67-78.

[14] 杨东方,高振会,孙培艳,等. 胶州湾水域有机农药六六六春、夏季的含量及分布[J]. 海岸工程,2009,28(2):69-77.

[15] 杨东方. 胶州湾六六六的分布及迁移过程[M]. 北京:海洋出版社,2011,1-116.

[16] 杨东方,苗振清,徐焕志,等. 有机农药六六六对胶州湾海域水质的影响—水域迁移过程[J]. 海洋开发与管理,2013,30(1):46-50.

第7章 胶州湾水体重金属汞的
分布和河流输送

  随着工业化程度的加速,排污量大量增加。汞、铅、镉、铜、铬等重金属污染引起了国内外的广泛关注。在工农业的发展过程中,产生了大量的含汞废水、废气和固体废物,排放到大气、陆地地表和陆地水体,经过雨水和地表径流带到了河流,河流又将大量的汞输送到近海,展示了重金属的迁移过程,于是,从河流到近海都受到了汞的污染[1-5]。因此,需要对汞的河流输送和陆地、水域的迁移进行研究,来保护环境和人类的健康。

  在胶州湾水域,许多学者对汞的含量、分布和迁移以及过程都进行了研究[6-13]。根据1986年的调查资料,分析胶州湾水体中汞的含量、来源、水平分布、垂直分布和季节变化,研究胶州湾汞的河流输送和陆地、水域迁移过程以及季节变化过程,为了解汞的污染过程和进行汞污染的综合治理提供了科学理论依据。

7.1 背景

7.1.1 胶州湾自然环境

  胶州湾位于山东半岛南部,其地理位置为35°58′~36°18′N,120°04′~120°23′E,以团岛与薛家岛连线为界,与黄海相通,面积约为446 km²,平均水深约7 m,是一个典型的半封闭型海湾。胶州湾入海的河流有十几条,其中径流量和含沙量较大的为大沽河和洋河,青岛市区的海泊河、李村河、板桥坊河、娄山河和湾头河5条河基本上无自身径流,河道上游常年干涸,中、下游已成为市区工业废水和生活污水的排污河,构成了外源有机物质和污染物的重要来源。

7.1.2 材料与方法

  本章所使用的1986年4月、7月和10月胶州湾水体汞的调查资料由国家海洋局北海监测中心提供。1986年4月、7月和10月,在胶州湾水域设6个站位:2031、2032、2033、2034、2035、2047(图7-1)。在4月、7月和10月,分别在6个站位取水样,根据水深取水样(大于10 m时取表层和底层,小于10 m时只取表层)。胶州湾水体汞的调查是按照国家标准方法进行的,该方法被收录在《海洋检测规范》(1991)中[13]。水样中的汞用冷原子吸收分光光度法进行测定。

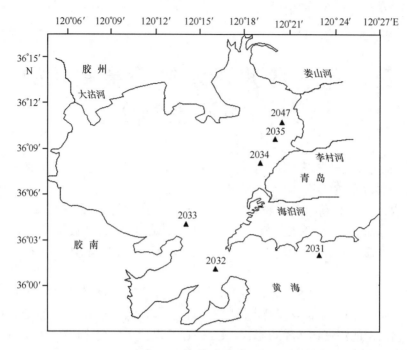

图 7 - 1　胶州湾调查站位图

7.2　汞的分布

7.2.1　含量大小

在 1986 年 4 月,汞在胶州湾水体中的含量范围为 0.33 ~ 7.714 μg/L(表 7 - 1),高值区域出现在胶州湾的东部和北部沿岸水域,站位为 2034、2035、2047,汞在水体中的含量范围为 1.23 ~ 7.714 μg/L,远远高于国家四类海水水质标准(0.5 μg/L),其中站位 2035,汞含量最高为 7.714 μg/L,属于超四类海水(0.5 μg/L)。在胶州湾中,汞含量超国家四类海水的水质标准(0.50 μg/L)。只有在胶州湾的湾外,汞含量相对比较低,但也属于国家四类海水水质标准(0.50 μg/L)。

在 1986 年 7 月,汞在胶州湾水体中的含量范围为 0.177 ~ 2.317 μg/L(表 7 - 1),高值区域出现在胶州湾的东部和北部沿岸水域站位,其中最高值出现在胶州湾的东部水域,站位为 2034,汞含量为 2.317 μg/L,属于超四类海水(0.50 μg/L)。在整个胶州湾水域符合国家二类和四类海水以及超四类海水的水质标准。

在 1986 年 10 月,汞在胶州湾水体中的含量范围为 0.32 ~ 0.751 μg/L(表 7 - 1),高值区域出现在胶州湾的东部和北部沿岸水域站位,其中最高值出现在胶州湾的东部水域,为 0.751 μg/L,站位为 2047,属于超四类海水(0.5 μg/L)。胶州湾大部分水域水质符合国家二类海水的水质标准(0.20 μg/L);在胶州湾的东部和北部沿岸水域水质符合四类海水以及超四类海水的水质标准。

表7-1 1986年4月、7月和10月的胶州湾表层水质

	4月	7月	10月
海水中汞含量(μg/L)	0.33~7.714	0.177~2.317	0.32~0.751
国家海水标准	四类海水以及超四类海水	二类和四类海水以及超四类海水	四类海水以及超四类海水

7.2.2 水平分布

7.2.2.1 水平表层分布

在1986年4月,在胶州湾整个水域,表层汞含量都非常高,最低都达到了0.33 μg/L。在胶州湾的东部,在李村河入海口的近岸水域,站位为2035处,表层汞含量最高值达到7.714 μg/L,以站位2035为中心,形成了一系列不同梯度。于是,在李村河入海口,以站位2035为中心形成了汞的高含量区,汞含量从中心高含量(7.714 μg/L)沿梯度降低。而且汞的高含量扩展到整个胶州湾水域,包括到湾口,甚至到湾外水域,使得在胶州湾整个水域,汞在水体中的含量都大于0.33 μg/L(图7-2)。

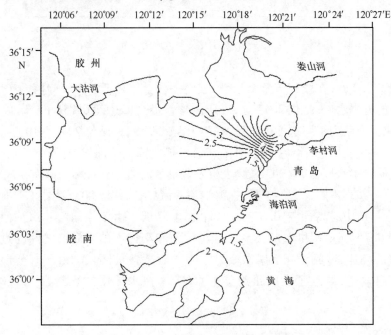

图7-2 1986年4月表层汞含量的分布(μg/L)

在1986年7月,在胶州湾整个水域,表层汞含量比较高。在胶州湾的东部,在海泊河入海口的近岸水域,站位为2034处,表层汞含量最高值达到2.317 μg/L,以站位2034为中心,形成了一系列不同梯度。于是,在海泊河入海口,以站位2034为中心形成了汞的高含量区,汞含量从中心高含量(2.317 μg/L)沿梯度降低。由于海泊河的汞高含量输送,导致了在胶州湾整个水域,汞含量在水体中都大于0.177 μg/L(图7-3)。

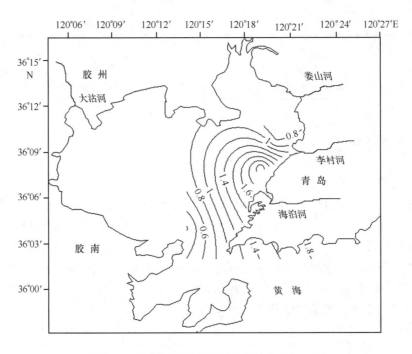

图 7 - 3 1986 年 7 月表层汞含量的分布(μg/L)

在 1986 年 10 月,在胶州湾整个水域,表层汞含量比较低。在胶州湾的东北部,在娄山河入海口的近岸水域,站位 2047 处,表层汞含量最高值达到 0.751 μg/L,以站位 2047 为中心,形成了一系列不同梯度。于是,在娄山河入海口,以站位 2047 为中心形成了汞的高含量区,汞含量从中心高含量(0.751 μg/L)沿梯度降低。同样,在胶州湾的东部,在海泊河入海口的近岸水域,站位 2034 处,表层汞含量最高值达到 0.67 μg/L,以站位 2034 为中心,形成了一系列不同梯度。于是,在海泊河入海口,以站位 2034 为中心形成了汞的高含量区,汞含量从中心高含量(0.67 μg/L)沿梯度降低。由于娄山河和海泊河的输送汞含量分别为 0.751 μg/L 和 0.67 μg/L,在海泊河和李村河的入海口之间的近岸水域形成了汞含量的叠加,造成了此近岸水域为汞的相对高含量区域。由于有娄山河和海泊河的汞高含量输送,导致了在胶州湾整个水域,汞在水体中的含量都大于 0.32 μg/L (图 7 - 4)。

7.2.2.2 水平底层分布

在 1986 年 4 月、7 月和 10 月,在胶州湾的湾口水域,从湾口内侧到湾口,再到湾口外侧,设调查站位 2033、2032、2031,对汞含量进行表、底层调查,湾口内侧站位为 2033,湾口站位为 2032,湾口外侧站位为 2031。那么汞含量在底层的水平分布如下。

在 4 月,在胶州湾的湾口水域,从湾口内侧到湾口,再到湾口外侧,形成了一系列不同梯度,由湾口内侧的汞含量为 1.99 μg/L,沿梯度降低到湾口外侧 0.055 μg/L。这表明在此底层区域,汞含量比较高,沿梯度变化也比较高。底层汞含量的水平分布都呈现由湾口内侧到湾口,再到湾口外侧逐渐降低的趋势(图 7 - 5)。

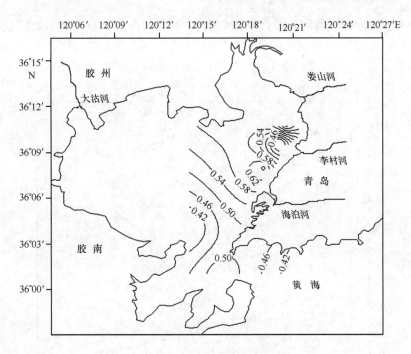

图7-4　1986年10月表层汞含量的分布(μg/L)

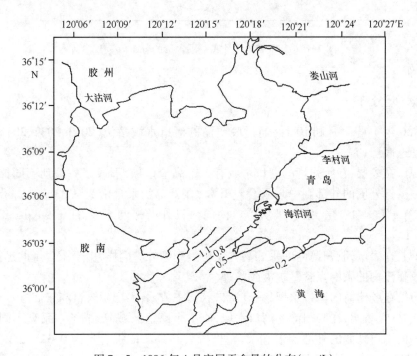

图7-5　1986年4月底层汞含量的分布(μg/L)

在7月,在胶州湾的湾口水域,从湾口内侧到湾口,再到湾口外侧,只有湾口有调查值,汞含量为0.204 μg/L。

在 10 月,在胶州湾的湾口水域,从湾口内侧到湾口,再到湾口外侧,在湾口有 1 个汞含量低值区,形成了一系列不同梯度的汞含量低值中心,由湾口外侧的外部到中心降低,在外部的汞含量为 0.775 μg/L,沿梯度降低到 0.139 μg/L(图 7-6)。

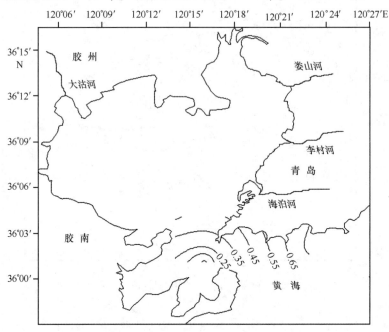

图 7-6　1986 年 10 月底层汞含量的分布(μg/L)

7.2.3　垂直分布

在 1986 年 4 月、7 月和 10 月,通过胶州湾的湾口水域站位(2033、2032、2031),对汞含量进行表、底层调查。

在 4 月,在表层,在胶州湾的湾口水域有 1 个高值区域,形成了一系列不同梯度的高值中心,由湾口外侧的外部到中心汞含量升高,在外部的汞含量为 0.33 μg/L,沿梯度升高到 2.52 μg/L。在底层,汞含量从湾口内向湾口外沿梯度下降,从 1.99 μg/L 下降到 0.055 μg/L。

这表明,在表层,胶州湾内的汞的高含量扩展到湾外。同样,由于汞含量的迅速沉降,在底层,胶州湾内的汞的高含量扩展到湾外。

在 7 月,在胶州湾的湾口水域,只有湾口有调查数据,表层汞含量高于底层。

在 10 月,在表层,在胶州湾的湾口水域,有 1 个高值区域,形成了一系列不同梯度的高值中心,由湾口外侧的外部到中心汞含量升高,在外部的汞含量为 0.32 μg/L,沿梯度升高到 0.536 μg/L。而在底层,在湾口有 1 个低值区域,形成了一系列不同梯度的低值中心,由湾口外侧的外部到中心汞含量降低,在外部的汞含量为 0.775 μg/L,沿梯度降低到 0.139 μg/L。

这里说明,虽然在湾口表层有 1 个高值区域(0.536 μg/L),但是,汞含量相对比较低,又通过海流穿过湾口的快速输送,于是,在胶州湾的湾口底层水域,形成了1个汞含量低值区域(0.139 μg/L)。

7.2.4 季节分布

7.2.4.1 季节表层分布

在胶州湾水域的表层水体中,在1986年4月,水体表层的汞含量范围为0.33～7.714 μg/L;在7月,水体表层的汞含量范围为0.177～2.317 μg/L;在10月,水体表层的汞含量范围为0.32～0.751 μg/L。这表明在4月、7月和10月,水体中表层的汞含量范围变化非常大(0.177～7.714 μg/L)。从每个月表层的汞含量来看,由高到低依次为4月、7月、10月。因此,水体表层的汞含量由高到低的季节变化为春季、夏季、秋季。

7.2.4.2 季节底层分布

在胶州湾的湾口水域底层的水体中,在1986年4月,水体底层的汞含量范围为0.055～1.99 μg/L;在7月,水体底层的汞含量为0.204 μg/L;在10月,水体底层的汞含量范围为0.139～0.775 μg/L。这表明在4月、7月和10月,水体底层的汞含量范围变化非常大,由高到低依次为4月、10月、7月。因此,水体底层的汞含量由高到低的季节变化为春季、秋季、夏季。

7.3 汞的河流输送

7.3.1 水质

在1986年4月,在胶州湾的东部沿岸水域,汞含量远远高于国家四类海水水质标准(0.5 μg/L),这样的高汞含量(7.714 μg/L),沿梯度扩展到整个胶州湾水域,包括到湾口,甚至到湾外水域,都成为四类海水,于是,整个胶州湾水域均成为四类海水以及超四类海水。这说明春季胶州湾汞对水质的污染是非常严重的。

在1986年7月,在胶州湾的东部沿岸水域站位,汞含量远远高于国家四类海水水质标准(0.5 μg/L),这样的高汞含量(2.317 μg/L),沿梯度扩展到整个胶州湾水域,包括到湾口内,都成为四类海水。在湾口水域,符合国家二类海水的水质标准。这样,在整个胶州湾水域,几乎都成为四类海水以及超四类海水,只有少部分水域是二类海水。这说明到了夏季胶州湾汞对水质有严重污染。

在1986年10月,在胶州湾的东部水域,汞含量高于国家四类海水标准(0.5 μg/L),这样的高汞含量(0.751 μg/L),沿梯度扩展到整个胶州湾水域,包括到湾口,甚至到湾外水域,都成为四类海水,而且在整个胶州湾水域汞含量比较均匀。这样,在整个胶州湾水域,都成为四类海水以及超四类海水,这说明就是到了秋季,胶州湾汞对水质还有严重污染。

7.3.2 来源

在胶州湾整个水域,1986年4月、7月和10月,水体中表层汞含量的水平分布状况等值线由东北向西南方向递减。在 4 月,在李村河入海口的近岸水域有 1 个高值区域,形成了一系列不同梯度的高值中心,汞含量由中心向外部降低,尤其是在河口区站位 2035,汞含量达到 7.714 μg/L,而且汞的高含量扩展到整个胶州湾水域,导致了在胶州湾整个水域汞在水体中的含量都大于 0.177 μg/L。在 7 月,在海泊河入海口的近岸水域有 1 个高值区域,形成了一系列不同梯度的高值中心,汞含量由中心向外部降低,尤其是在河口区站位 2034,汞含量达到 2.317 μg/L,而且汞的高含量扩展到整个胶州湾水域,导致了在胶州湾整个水域汞在水体中的含量都大于 0.177 μg/L。在 10 月,在娄山河入海口的近岸水域和在海泊河入海口的近岸水域,形成了一系列不同梯度的两个同心圆的高值区域,中心浓度分别为 0.751 μg/L 和 0.67 μg/L,由于有娄山河和海泊河的汞高含量输送,导致了在胶州湾整个水域汞在水体中的含量都大于 0.32 μg/L。因此,汞含量来源是由海泊河、李村河和娄山河的河流输送的,尤其是李村河,输送的汞含量最高。

7.3.3 陆地迁移过程

在 1986 年 4 月、7 月和 10 月,胶州湾表层水域,汞含量的分布展示了,在东部 3 条入湾径流海泊河、李村河和娄山河的河口区以及其近岸海域,汞含量都很高。这表明胶州湾汞含量来源是由海泊河、李村河和娄山河输送的,尤其是李村河,输送的汞含量最高。而且胶州湾水域的汞污染主要来自于点污染源。这与 1979 年、1980 年、1981 年和 1985 年相比是一致的,1979 年、1980 年、1981 年和 1985 都是以河流输送为主,而且输送的汞浓度都非常高[9~11]。因此,陆源污染物通过工业废水和生活污水进入到河流,造成河流的汞污染,被污染的河水入海,成为汞的主要污染源,这样,胶州湾水域的汞含量受到人类活动的影响是非常显著的。

7.3.4 水域迁移过程

在 1986 年 4 月、7 月和 10 月,在空间上,从胶州湾的东部:海泊河、李村河和娄山河的河口区以及其近岸水域,到胶州湾的湾口水域,水体表层的汞含量从高值降低到低值,展示了重金属汞的重力特性,汞迅速沉降。在时间上,水体表层的汞含量范围变化非常大,表层汞含量由高到低的月份依次为 4 月、7 月、10 月,表层的汞含量由高到低的季节变化为春季、夏季、秋季,这也展示了重金属汞的重力特性。在垂直分布上,由于汞的迅速沉降,在 4 月,在表层和底层具有同样的水平分布,湾内的汞的高含量扩展到湾外。胶州湾表、底层水中汞含量的分布变化证实了汞的水域迁移过程[9~13]和水域迁移机制[14~16],于是,汞的沉降过程[9~13]表明重金属汞随海流或者地表径流入海后,不易溶解,迅速由水相转入固相,在水体中,由颗粒物质和生物体将汞从表层带到底层,最终转入沉积物中。

7.3.5 季节变化过程

在 1986 年 4 月、7 月和 10 月,在胶州湾水域的表层水体中,表层的汞含量范围变化非常大,表层的汞含量由高到低依次为 7.714 μg/L、2.317 μg/L、0.751 μg/L,表层的汞含量都在迅速的降低,其相应的月份是 4 月、7 月、10 月。因此,水体表层的汞含量由高到低的季节变化为春季、夏季、秋季。

在 1986 年 4 月、7 月和 10 月,在胶州湾的湾口水域,底层的水体中,底层的汞含量范围变化比较小,底层的汞含量由高到低依次为 1.99 μg/L、0.204 μg/L、0.775 μg/L,汞的底层含量都在迅速的降低,其相应的月份是 4 月、7 月、10 月。这样,水体底层的汞含量由高到低依次为 4 月、10 月、7 月。因此,水体底层的汞含量由高到低的季节变化为春季、秋季、夏季。

1986 年与 1979 年、1980 年、1981 年和 1985 年胶州湾水体表层的汞含量的季节变化过程[9-11]是一致的:在一年中,春季表层的汞含量比较高,夏季表层的汞含量比较低,秋季更低。在 1979—1981 年以及 1985 年,表层汞含量有季节变化[9-11],而且是一致的。同样,在 1986 年,表层汞含量也有季节变化,与 1979—1981 年以及 1985 年也是一致的。

7.4　结论

在 1986 年 4 月、7 月和 10 月,汞在胶州湾水体中的含量范围为 0.177～7.714 μg/L,使水质成为二类和四类海水以及超四类海水。在汞含量方面,在 4 月,在整个胶州湾水域受到汞的非常严重的污染;在 7 月,在整个胶州湾水域受到汞的严重污染;在 10 月,在整个胶州湾水域都受到汞的严重污染。在 1986 年的一年中,在整个胶州湾水域受到汞的严重污染,尤其在胶州湾的东部近岸水域受到汞污染尤为严重。

通过 1986 年 4 月、7 月和 10 月的汞含量水平变化,展示了胶州湾汞含量只有一个来源:是由海泊河、李村河和娄山河等河流输送的,而且输送的汞浓度都非常高,尤其在李村河,输送的汞含量最高。

通过 1986 年 4 月、7 月和 10 月的汞含量季节变化,展示了汞的陆地迁移过程,这也证实了 1979—1981 年以及 1985 年的汞陆地迁移过程[9-11]。陆源污染物通过工业废水和生活污水造成河流的汞污染,然后由河流将汞污染物带到大海。

在 1986 年 4 月、7 月和 10 月,在胶州湾的湾口水域,汞的表、底层分布变化证实了汞的水域迁移过程[9-11]和水域迁移机制[14-16]。由于重金属汞的重力特性,汞迅速沉降。于是,在空间上,从胶州湾的东部河口近岸水域到胶州湾的湾口水域,水体表层的汞含量从高值降低到低值;在时间上,从 4 月到 7 月,再到 10 月,表层的汞含量由高到低的变化;在垂直分布上,通过汞的沉降过程,水体表、底层的汞含量变化是一致的。

在 1986 年 4 月、7 月和 10 月,在整个胶州湾水域,受到了汞的严重污染,造成了这个原因主要是河流对汞的输送。汞的高污染源都来自海泊河、李村河和娄山河等河流输送,输送汞含量最高的是李村河,与 1985 年相比,汞的高污染源相同,均来自同一河流。这就给我们带来了思考,需要仔细认真地管理和治理这些河流,控制汞的排放。因此,在人类的活动中,尽可能减少向环境排放汞,更要严格控制向河流排放汞。只有这样,才可能改善胶州湾水质,减轻汞的污染程度。

参考文献

[1]　杨东方,高振会.海湾生态学[M].北京:中国教育文化出版社,2006,1-291。

[2] 杨东方,苗振清. 海湾生态学[M]. 北京:海洋出版社,2010,1-650.

[3] 杨东方,陈豫,王虹,等. 胶州湾水体镉的迁移过程和本底值结构[J]. 海岸工程,2010,29(4):73-82.

[4] 杨东方,苗振清. 胶州湾环境的分布状况及季节变化[M] 北京:海洋出版社, 2012,1-115.

[5] 杨东方,赵玉慧,卜志国,等. 胶州湾水域重金属砷的分布及迁移[J]. 海洋开发与管理,2014,31(1):109-112.

[6] 张淑美,庞学忠,郑舜琴. 胶州湾潮间带区海水中汞含量[J]. 海洋科学,1987,6(2):35-36.

[7] 吕小乔,孙秉一,史致丽. 胶州湾中汞的含量及其形态的分布规律[J]. 青岛海洋大学学报,1990,20(4):107-114.

[8] 柴松芳. 胶州湾海水总汞含量及其分布特征[J]. 黄渤海海洋. 1998,16(4):60-63.

[9] Chen Yu, Gao Zhenhui, Qu Yanheng, et al. Mercury distribution in the Jiaozhou Bay[J]. Chin. J. Oceanol. Limnol. 2007, 25(4): 455-458.

[10] 杨东方,曹海荣,高振会,等. 胶州湾水体重金属汞Ⅰ. 分布和迁移[J]. 海洋环境科学,2008,27(1):37-39.

[11] 杨东方,王磊磊,高振会,等. 胶州湾水体重金属汞Ⅱ. 分布和污染源[J]. 海洋环境科学,2009,28(5):501-505.

[12] 陈豫,张饮江,郭军辉,等. 胶州湾水体重金属汞的分布和季节变化. 海洋开发与管理,2013,30(6):81-83.

[13] 杨东方,孙培艳,鞠莲,等. 胶州湾水体重金属汞的分布和含量[J]. 海岸工程,2013,32(4):65-76.

[14] 国家海洋局. 海洋监测规范[Z]. 北京:海洋出版社,1991.

[15] 杨东方,高振会,孙培艳,等. 胶州湾水域有机农药六六六春、夏季的含量及分布[J]. 海岸工程,2009a,28(2):69-77.

[16] 杨东方. 胶州湾六六六的分布及迁移过程[M]. 北京:海洋出版社, 2011,1-116.

[17] 杨东方,苗振清,徐焕志,等. 有机农药六六六对胶州湾海域水质的影响—水域迁移过程[J]. 海洋开发与管理, 2013, 30(1): 46-50.

第 8 章　胶州湾水域重金属汞含量的年份变化

自我国开始改革开放以来,胶州湾地区的工农业、养殖业、港口业发展迅速,使胶州湾受汞污染的程度逐渐上升。汞污染的陆源来源主要包括三个大的方面:工业、农业、城市生活。在工业上,煤、石油和天然气的燃烧释放出大量的含汞的废气和废渣,氯碱工业、塑料工业、电子工业、含汞炼金等也排放大量的含汞废水。在农业上,污水灌溉和施用含汞农药也是污染的重要来源。在城市生活上,随着城市化进程的加快,城市人口的增加,大量的生活垃圾也排放出大量的汞。于是,大量的含汞废水、废气和废渣通过河流输送到胶州湾。在胶州湾水域,许多学者对汞的含量、形态、分布及其污染现状和发展趋势都进行了研究[1-12]。本章根据 1979—1985 年(缺少 1984 年)胶州湾的调查资料,研究在 1979—1985 年汞在胶州湾海域的含量变化,为治理环境中的汞污染提供理论依据。

8.1　背景

8.1.1　胶州湾自然环境

胶州湾位于山东半岛南部,其地理位置为 35°58′~36°18′N,120°04′~120°23′E,以团岛与薛家岛连线为界,与黄海相通,面积约为 446 km²,平均水深约 7 m,是一个典型的半封闭型海湾(图 8-1)。胶州湾入海的河流有十几条,其中径流量和含沙量较大的为大沽河和洋河,青岛市区的海泊河、李村河、板桥坊河、娄山河和湾头河 5 条河基本上无自身径流,河道上游常年干涸,中、下游已成为市区工业废水和生活污水的排污河,构成了外源有机物质和污染物的重要来源。

8.1.2　数据来源与方法

本章分析时所用调查数据由国家海洋局北海监测中心提供。胶州湾水体汞的调查[5,7,9-12]是按照国家标准方法进行的,该方法被收录在《海洋检测规范》(1991)中[13],水样中的汞用冷原子吸收分光光度法进行测定。

在 1979 年 5 月、8 月、11 月,1980 年 6 月、7 月、9 月和 10 月,1981 年 4 月、8 月和 11 月,1982 年 4 月、6 月、7 月和 10 月,1983 年 5 月、9 月和 10 月,1985 年 4 月、7 月和 10 月,进行胶州湾水体汞的调查[5,7,9-12]。其站位如图表示(图 8-2~图 8-8)。

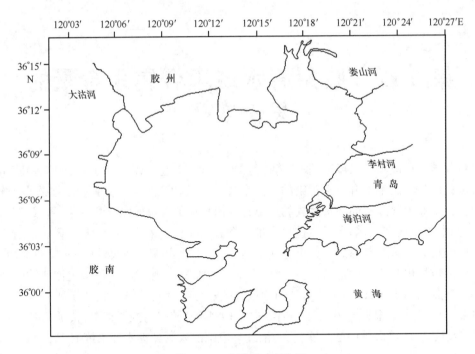

图 8-1 胶州湾地理位置

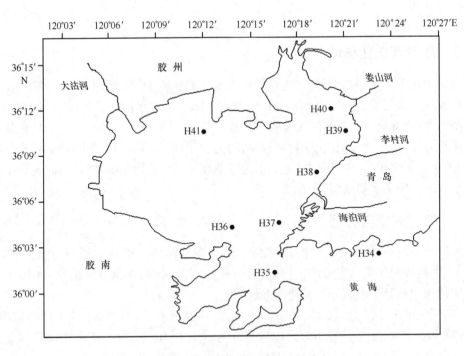

图 8-2 1979 年胶州湾调查站位

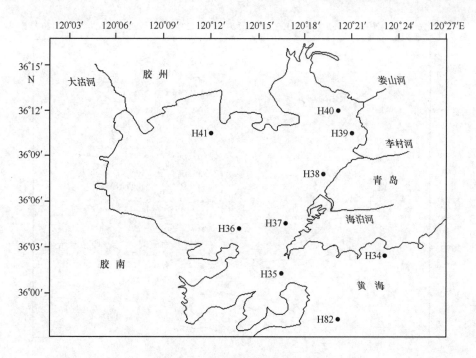

图 8 – 3　1980 年胶州湾调查站位

图 8 – 4　1980 年 10 月胶州湾增加的调查站位

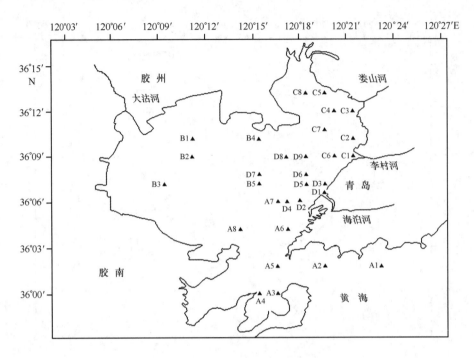

图 8-5 1981 年胶州湾调查站位

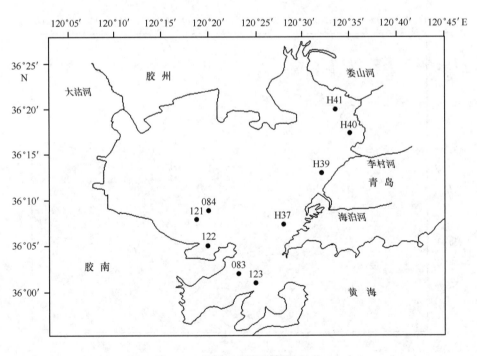

图 8-6 1982 年胶州湾调查站位

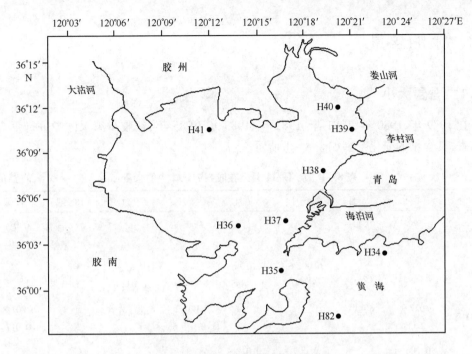

图 8 - 7 1983 年胶州湾调查站位

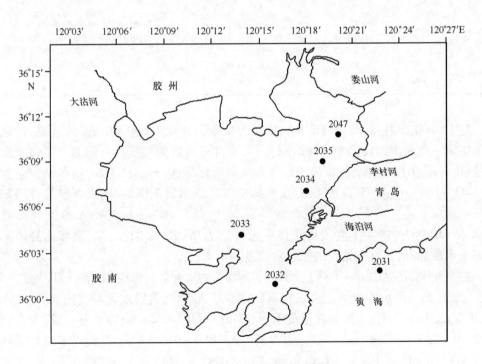

图 8 - 8 1985 年胶州湾调查站位

8.2 汞的含量

8.2.1 含量大小

在 1979 年、1980 年、1981 年、1982 年、1983 年、1985 年,在胶州湾水体中进行汞含量的调查,其含量的变化范围如表 8 - 1 所示。

表 8 - 1　从 4—11 月汞在胶州湾水体中的含量　　　　　　　单位:μg/L

年份	4 月	5 月	6 月	7 月	8 月	9 月	10 月	11 月
1979 年		0.11 ~ 0.46			0.03 ~ 1.68			0.01 ~ 0.02
1980 年			0.002 6 ~ 0.030 2	0.010 6 ~ 0.045		0.01 ~ 0.022 8	0.01 ~ 13.04	
1981 年	0.027 9 ~ 2.086				0.001 2 ~ 0.039 68			0.001 8 ~ 0.017 4
1982 年	0.006 ~ 0.019		0.009 ~ 0.049	0.019 ~ 0.030			0.013 ~ 0.021	
1983 年		0.016 ~ 0.214				0.009 ~ 0.740	0.028 ~ 0.244	
1985 年	0.125 ~ 4.950			0.126 ~ 0.347			0.029 ~ 0.051	

在 1979 年 5 月,胶州湾表层水体中汞含量范围为 0.11 ~ 0.46 μg/L,较高,远远超过了国家一类海水水质标准(0.05 μg/L)。大部分站位的水质符合国家二类海水水质标准(0.2 μg/L),有 2 个站位属于四类海水水质标准(0.5 μg/L);8 月,各站位汞含量为 0.03 ~ 1.68 μg/L,除了 H34 站位,水体中汞含量明显下降,而且汞含量符合国家一类海水水质标准。H34 站位的汞含量特别高,达到 1.68 μg/L,超出了国家四类海水(0.5 μg/L)的 3 倍多;11 月表层水体中汞含量为 0.01 ~ 0.02 μg/L,全部达到国家一类海水水质标准,并且各站位的汞含量值差别不大。

在 1980 年,H 站位展示了同 1 个月的不同站位的汞含量变化较大。在 6 月、7 月、9 月、10 月,以 H 站位展示胶州湾表层汞含量。在 6 月,胶州湾表层汞含量范围为 0.002 6 ~ 0.030 2 μg/L;在 7 月,表层汞含量范围为 0.010 6 ~ 0.045 μg/L;在 9 月,表层汞含量为 0.01 ~ 0.022 8 μg/L;在 10 月,表层汞含量为 0.010 0 ~ 0.063 7 μg/L;站位 H82 的汞含量为 0.063 7 μg/L,属于国家二类海水,除了站位 H82,各站位汞含量都符合国家一类海水水质标准。因此,在 6 月、7 月、9 月、10 月 4 个调查月份中,7 月表层汞含量达到了相对较高的值。在这 4 个调查月中,除了 10 月的站位 H82 外,H 的各站位表层汞含量都优于一类海水水质标准。

在 1980 年,A 站位、B 站位、C 站位、D 站位展示:在 10 月,除了站位 D1、C1、C3、A4 和 H82,A 站位展示胶州湾表层汞含量为 0.0156 ~ 0.0316 μg/L。以 B 站位展示胶州湾表层汞含量为 0.02 ~ 0.0456 μg/L。C 站位展示胶州湾表层汞含量为 0.0071 ~ 0.0392 μg/L。D 站位展示胶州湾表层汞含量为 0.0101 ~ 0.0267 μg/L。在 10 月,除了站位 D1、C1、C3、A4 和 H82,A 站位、B 站位、C 站位、D 站位的各站位表层汞含量都优于一类海水水质标准。在 10 月,形成以站位 D1、C1、C3、A4 和 H82 为中心的汞高含量区,在 D1 站位汞含量达到 10.88 μg/L,在 C1 站位汞含量达到 13.04 μg/L,在 C3 站位汞含量达到 0.0832 μg/L,在 A4 站位汞含量达到 0.134 μg/L,在 H82 站位汞含量达到 0.0637 μg/L。在 D1 和 C1 汞含量远远超过了四类海水水质标准,在 C3、A4 和 H82 属于二类海水水质标准。

在 1981 年 4 月,汞在胶州湾水体中的含量范围为 0.0279 ~ 2.086 μg/L,最高值出现在 C3 站位,达到 2.086 μg/L,远远高于国家四类海水水质标准(0.5 μg/L)。只有 2 个站位的水体中汞含量达到国家一类海水水质标准(0.05 μg/L),小部分站位的水体中汞含量符合国家二类海水水质标准(0.2 μg/L),大部分站位的水体中汞含量符合国家四类海水水质标准(0.5 μg/L),有 9 个站位的水体中汞含量超过国家四类海水水质标准(0.5 μg/L)。这说明春季胶州湾水质汞污染比较严重;8 月,水体中汞含量明显下降,达到 0.0012 ~ 0.03968 μg/L,已经全部达到国家一类海水水质标准,甚至大部分站位的水体中汞含量是低于 0.01 μg/L。整个胶州湾水质较好;11 月,水体中汞含量进一步下降,其值为 0.0018 ~ 0.0174 μg/L,整个胶州湾水体中汞含量都达到国家一类海水水质标准,整个胶州湾水质很好。

在 1982 年 4 月、7 月和 10 月,胶州湾西南沿岸水域汞含量范围为 0.006 ~ 0.030 μg/L。在 6 月,胶州湾东部沿岸水域汞含量范围为 0.009 ~ 0.049 μg/L。在 4 月、6 月、7 月和 10 月,汞在胶州湾水体中的含量范围为 0.006 ~ 0.049 μg/L,都没有超过国家一类海水的水质标准。这表明在 4 月、6 月、7 月和 10 月,整个水域汞含量符合国家一类海水水质标准(0.05 μg/L)。由于汞含量在胶州湾整个水域都小于 0.050 μg/L,说明在汞含量方面,在胶州湾整个水域,水质清洁,没有受到汞的污染。

在 1983 年 5 月,汞在胶州湾水体中的含量范围为 0.016 ~ 0.214 μg/L,最高值出现在胶州湾的湾外水域站位 H82,汞含量为 0.214 μg/L,高于国家二类海水水质标准(0.2 μg/L)。除了湾外水域站位 H82,汞在胶州湾的湾内水体中的汞含量范围为 0.016 ~ 0.041 μg/L,都符合国家一类海水水质标准(0.05 μg/L);在 9 月,汞在胶州湾水体中的含量范围为 0.009 ~ 0.740 μg/L,最高值出现在胶州湾的湾外水域站位 H34,汞含量为 0.740 μg/L,高于国家四类海水水质标准(0.5 μg/L)。除湾外水域站位 H34 外,汞在胶州湾水体中的含量范围为 0.009 ~ 0.043 μg/L,都符合国家一类海水水质标准(0.05 μg/L);在 10 月,汞在胶州湾水体中的含量范围为 0.028 ~ 0.244 μg/L,在胶州湾的湾口水域,从湾口内侧站位 H37 到湾口站位 H35,再到湾口外侧站位 H34,汞在胶州湾水体中的含量范围为 0.028 ~ 0.044 μg/L,均符合国家一类海水水质标准(0.05 μg/L);在胶州湾的西南水域,站位 H36 水体中的汞含量为 0.244 μg/L,超过国家二类海水水质标准(0.20 μg/L),在胶州湾的其他水域,除了胶州湾的湾口水域和西南水域,汞含量为 0.050 ~ 0.116 μg/L,符合国家二类海水水质标准(0.20 μg/L)。

在 1983 年 5 月和 9 月,除了湾外水域,在胶州湾整个湾内水域,表层水质汞含量符合国家一类海水水质标准(0.05 μg/L)。在 10 月,在胶州湾的湾口水域附近,表层水质汞含量符合国家一类海水水质标准(0.05 μg/L),在胶州湾的西南水域,水体中的汞含量超过国家二类海水水质标准(0.20 μg/L),达到了国家四类海水水质标准(0.50 μg/L)。在胶州湾的其他水域,除了胶州湾的湾口水域和西南水域,汞含量符合国家二类海水水质标准(0.20 μg/L)。因此,在汞含量方面,在 5 月和 9 月,胶州湾的整个湾内水域,水质清洁,没有受到汞的污染;10 月,在胶州湾的湾口水域附近没有受到汞的污染,而在胶州湾的整个湾内水域都受到汞的污染,尤其在胶州湾的西南水域,受到汞的严重污染。

在 1985 年 4 月,汞在胶州湾水体中的含量范围为 0.125~4.950 μg/L(表 8-1),高值区域出现在胶州湾的东部和北部沿岸水域,站位 2034、2035、2047 处,汞在水体中的含量范围为 0.975~4.950 μg/L,远远高于国家四类海水水质标准(0.5 μg/L),其中站位 2035,汞含量为最高(4.950 μg/L),属于超四类海水(0.5 μg/L)。在湾口内、湾口和湾口外水域站位 2031、2032、2033 处,汞在水体中的含量范围为 0.125~0.200 μg/L,符合国家二类海水水质标准(0.20 μg/L);在 7 月,汞在胶州湾水体中的含量范围为 0.126~0.347 μg/L(表 8-1),高值区域出现在胶州湾的东部和北部沿岸水域站位,其中最高值出现在胶州湾的东部水域,站位为 2034,汞含量为 0.347 μg/L,符合国家四类海水水质标准(0.50 μg/L)。在整个胶州湾水域符合国家二类和四类海水的水质标准;在 10 月,汞在胶州湾水体中的含量范围为 0.029~0.051 μg/L;在胶州湾的东部水域,汞在水体中的含量范围为 0.050~0.051 μg/L,符合国家二类海水水质标准(0.20 μg/L);而在胶州湾的其他水域,符合国家的一类海水水质标准(0.05 μg/L)。

8.2.2 变化趋势

在 4 月,从 1981 年到 1985 年汞在胶州湾水体中的含量在增加。在 5 月,从 1979 年到 1983 年汞在胶州湾水体中的含量在减少。在 6 月,从 1980 年到 1982 年汞在胶州湾水体中的含量在减少。在 7 月,从 1980 年到 1985 年汞在胶州湾水体中的含量在增加。在 8 月,从 1979 年到 1981 年汞在胶州湾水体中的含量减少幅度很大。在 9 月,从 1980 年到 1983 年汞在胶州湾水体中的含量在增加。在 10 月,从 1980 年到 1984 年汞在胶州湾水体中的含量也在减少。在 11 月,从 1980 年到 1983 年汞在胶州湾水体中的含量在减少,而且汞含量很低。因此,在 4 月至 11 月期间,从 1979 年到 1985 年(缺 1984 年),胶州湾水体中汞的含量每个月都发生变化,有时在增加,有时在减少。4 月、7 月和 9 月,汞含量在增加;5 月、6 月、8 月、10 月和 11 月,汞含量都在减少。

8.2.3 月份变化

在 1979—1985 年(缺 1984 年)期间,从 4—11 月中,4 月、8 月和 10 月汞在胶州湾水体中的含量都有高峰值。而在 5 月、6 月、7 月、9 月和 11 月汞在胶州湾水体中的含量都相对较低。在这 6 年期间,在 1980 年 10 月,在胶州湾水体中出现汞含量的最高值(13.04 μg/L);在 1981 年 8 月,在胶州湾水体中出现汞含量的最低值(0.0012 μg/L)。最高值和最低值相差 5 个数量级,表明在胶州湾水体中汞含量的变化是非常大的。

8.3 汞的年份变化

8.3.1 水质

在 1979—1985 年(缺 1984 年)期间,每年中,胶州湾水体中汞含量变化有三种类型:①水体中汞含量从严重污染降低到轻度污染,到清洁水域。如 1979 年、1981 年和 1985 年,从二类、三类、四类海水水质提高到一类海水水质;②水体中汞含量从清洁水域增加到轻度污染,到严重污染。如 1980 年和 1983 年,从一类海水水质变为二类、三类水质等;③水体中一直保持着清洁水域。如 1982 年,胶州湾水体汞含量一直符合一类海水水质标准(表 8 - 2)。

表 8 - 2　月份的胶州湾表层水质

年份	4 月	5 月	6 月	7 月	8 月	9 月	10 月	11 月
1979 年		二、三、四类海水			二、三、四类海水以及超四类海水			一类海水
1980 年			一类海水	一类海水		一类海水	二、三、四类海水以及超四类海水	
1981 年	二、三、四类海水以及超四类海水				一类海水			一类海水
1982 年	一类海水		一类海水	一类海水			一类海水	
1983 年		一、二、三、四类海水			二、三、四类海水以及超四类海水	二、三、四类海水		
1985 年	二、三、四类海水以及超四类海水			二、三、四类海水			一、二类海水	

在胶州湾水体中,海水的净化过程是非常强烈和迅速的。利用非保守性物质 Si: N 比值作为湾内水的示踪剂,根据杨东方提出海湾的水交换完成的定义及海湾的充满和放空原理,应用杨东方提出的生物地球化学模型,计算得到胶州湾水交换时间的集合 $X = \{x \mid 10 < x < 15\}$,其平均值为 12.5 天[14]。这表明汞污染即使非常严重,但是经过一年的海水

净化,在水体中汞含量的符合国家一类海水水质标准。

8.3.2 含量变化

在 1979—1985 年(缺 1984 年)期间,在胶州湾水体中汞含量有起伏的变化,从 1979 年的汞高含量(1.68 μg/L),然后突然增加到 1980 年的更高含量(13.04 μg/L),然后,逐年在减少,到 1982 汞含量达到最低值(0.049 μg/L)。然后,又开始逐年增加,在 1985 年汞含量达到 4.950 μg/L(图 8 - 9)。自我国开始改革开放以来,胶州湾地区的工农业、养殖业、港口业发展迅速,大量的含汞废水、废气和废渣通过河流输送到胶州湾。于是,在 1980 年,胶州湾水体中汞含量达到了高峰值。随着人们环保意识的增强以及政府对环境保护工作力度的加大,环境污染的状况有好转的趋势。于是,从 1980 年胶州湾水体中汞含量逐年在减少,在 1982 年达到了低谷值,整个胶州湾的水体中汞含量方面达到了清洁水域标准。然而,随着我国经济的高速发展,在带来经济效益的同时,该海域环境污染加剧。于是,到了 1985 年,汞的含量又在进一步的增加。

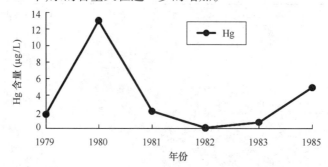

图 8 - 9　胶州湾水体中汞的最高含量的变化(μg/L)

8.4　结论

在 1979—1985 年(缺 1984 年)期间,在胶州湾水体中汞含量变化有三种类型,展示了人类活动造成了胶州湾水体中汞的严重污染,经过海水的净化过程,使水体中汞的含量又恢复到原来的清洁水域的要求。又在人类活动的影响下,水体中汞的含量从清洁水域增加到轻度污染,到严重污染。于是,再经过海水的净化过程,使水体中汞的含量减少,又恢复到原来的清洁水域。就这样进行着污染、净化、又污染、又净化的反复循环的过程。当然,如果没有污染,胶州湾水体中汞的含量一直符合着清洁水域要求。

随着经济的高速发展,胶州湾水域环境的汞污染就会加剧。因此,需要人们增强环保意识,加大环境保护的力度,胶州湾水体中汞含量就会迅速地减少,整个胶州湾水体中汞的含量达到了清洁水域要求。

参考文献

[1] 张淑美,庞学忠,郑舜琴.胶州湾潮间带区海水中汞含量[J].海洋科学,1987,6 (2): 35 – 36.

[2] 吕小乔,孙秉一,史致丽.胶州湾中汞的含量及其形态的分布规律[J].青岛海洋大学学报,
     1990, 20(4):107 – 114.

[3] 柴松芳.胶州湾海水总汞含量及其分布特征[J].黄渤海海洋.1998,16(4):60 – 63.

[4] 杨东方,高振会.海湾生态学[M].北京:中国教育文化出版社,2006,1 – 291

[5] 杨东方,曹海荣,高振会,等.胶州湾水体重金属汞 I.分布和迁移[J].海洋环境科学,2008,
     27(1): 37 – 39.

[6] 杨东方,苗振清.海湾生态学[M].北京:海洋出版社,2010,1 – 650.

[7] 杨东方,王磊磊,高振会,等.胶州湾水体重金属汞 II.分布和污染源[J].海洋环境科学,2009,
     28(5):501 – 505 .

[8] 杨东方,苗振清.胶州湾环境的分布状况及季节变化[M].北京:海洋出版社出版,2012,
     1 – 115.

[9] 陈豫,张饮江,郭军辉,等.胶州湾水体重金属汞的分布和季节变化[J].海洋开发与管理,2013,
     30(6): 81 – 83.

[10] 杨东方,孙培艳,鞠莲,等.胶州湾水域重金属汞的质量浓度和分布[J].海岸工程,2013,
      32(4): 65 – 76.

[11] 杨东方,徐子钧,曲延峰,等.胶州湾水体重金属汞的分布和输入方式[J].海岸工程,2014,
      33(1): 67 – 78.

[12] 杨东方,耿晓,曲延锋,等.胶州湾水体重金属汞的分布和重力特性[J].海洋开发与管理,
      2014, 31(2).

[13] 国家海洋局.海洋监测规范[Z].北京:海洋出版社,1991.

[14] 杨东方,苗振清,徐焕志,等.胶州湾水交换的时间[J].海洋环境科学,2013,32(3): 373 – 380.

第9章 胶州湾水域重金属汞的污染源变化过程

随着经济的高速发展,环境压力日益增大。汞被广泛应用到工业、农业、城市生活,如医疗器械、冶金、化药生产、电子等诸多行业,而且日常生活用品中汞也得到了重要应用。因此,人类的活动带来了大量的含汞废水、废气和废渣,经过河流的输送,对环境造成了严重的污染。在胶州湾水域,许多学者汞的含量、形态、分布及其污染现状和发展趋势都进行了研究[1-13]。本章根据 1979—1985 年(缺少 1984 年)胶州湾的调查资料,研究了 1979—1985 年汞在胶州湾海域的污染源变化及其变化特征和过程,了解汞污染源的变化过程及污染程度,为判断汞对环境的污染程度提供科学理论基础。

9.1 背景

9.1.1 胶州湾自然环境

胶州湾位于山东半岛南部,其地理位置为 35°58′~36°18′N,120°04′~120°23′E,以团岛与薛家岛连线为界,与黄海相通,面积约为 446 km^2,平均水深约 7 m,是一个典型的半封闭型海湾。胶州湾入海的河流有十几条,其中径流量和含沙量较大的为大沽河和洋河,青岛市区的海泊河、李村河、板桥坊河、娄山河和湾头河 5 条河基本上无自身径流,河道上游常年干涸,中、下游已成为市区工业废水和生活污水的排污河,构成了外源有机物质和污染物的重要来源。

9.1.2 数据来源与方法

本章分析时所用调查数据由国家海洋局北海监测中心提供。胶州湾水体汞的调查[5,7,9-13]是按照国家标准方法进行的,该方法被收录在《海洋检测规范》(1991)中[14],水样中的汞用冷原子吸收分光光度法进行测定。

在 1979 年 5 月、8 月、11 月,1980 年 6 月、7 月、9 月和 10 月,1981 年 4 月、8 月和 11 月,1982 年 4 月、6 月、7 月和 10 月,1983 年 5 月、9 月和 10 月,1985 年 4 月、7 月和 10 月,进行胶州湾水体汞的调查[5,7,9-13]。

9.2 汞的水平分布

9.2.1 1979 年 5 月和 8 月水平分布

1979 年 5 月,在胶州湾整个水域,汞含量由东北向西南方向递减,从 0.46 μg/L 降低到

0.11 μg/L。最东北部的 H39 站位汞含量最高,H34 和 H37 最低(图 9 - 1)。8 月,汞含量由东向西方向递减,从 1.68 μg/L 降低到 0.03 μg/L,除 H34 站位外,胶州湾的其他水域汞含量都在 0.03 ~ 0.04 μg/L。H34 站位的汞含量最高,为 1.68 μg/L(图 9 - 2)。

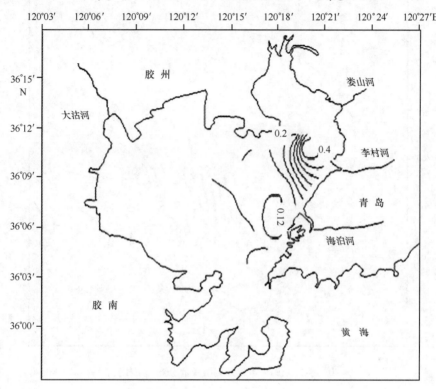

图 9 - 1 1979 年 5 月表层汞的分布(μg/L)

9.2.2 1980 年 10 月水平分布

在 1980 年 10 月,胶州湾海水表层汞含量的分布趋势表明,以海泊河入海口站位 D1 为中心,形成了一系列不同梯度的半同心圆。在海泊河入海口,以站位 D1 为中心形成了汞的高含量区,汞含量从中心高含量(10.88 μg/L)沿梯度降低。同样,李村河的入海口具有同样的水平分布,以李村河入海口站位 C1 为中心,形成了一系列不同梯度的半同心圆。在李村河入海口,以站位 C1 为中心形成汞含量的高含量区,汞含量从中心高含量(13.04 μg/L)沿梯度降低。在海泊河入海口站位 D1 和李村河入海口的站位 C1,汞含量比湾内其他站位高出 3 个数量级。另外,位于娄山河入海口站位 C3,汞含量也达到0.0832 μg/L,明显高于湾内其他站位(图 9 - 3)。

9.2.3 1981 年 4 月水平分布

在 1981 年 4 月,胶州湾整个水域表层汞含量都非常高。在胶州湾的东北部,在娄山河入海口站位 C3,表层汞含量最高值达到 2.086 μg/L,以站位 C3 为中心,形成了一系列不同

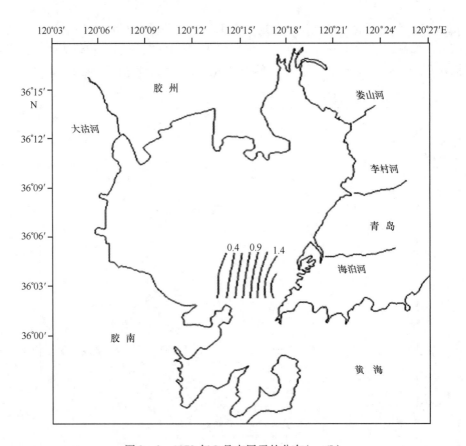

图 9 - 2　1979 年 8 月表层汞的分布(μg/L)

梯度的半同心圆。于是,在娄山河入海口,以站位 C3 为中心形成了汞的高含量区,汞含量从中心高含量(2.086 μg/L)沿梯度降低。在胶州湾的北部,有 1 个比较大的区域呈现出汞的高含量,大于 1.000 μg/L。在胶州湾整个水域,汞含量呈现出由北向南逐渐减少的趋势(图 9 -4)。

9.2.4　1982 年 6 月水平分布

1982 年 6 月,胶州湾海水表层汞含量的等值线(图 9 -5),展示汞含量从以 H37 站位为中心(0.049 μg/L)沿梯度降低。汞含量在湾的东北沿岸区域沿着东北方向由大(0.049 μg/L)变小(0.009 μg/L),表明在胶州湾水体中沿着李村河的河流方向,汞含量在递减(图 9 -5)。

9.2.5　1983 年 9 月水平分布

在 1983 年 9 月,胶州湾的整个湾内水域,表层汞含量都比较低(0.009 ~ 0.043 μg/L)。在胶州湾的湾外水域站位 H34,表层汞含量达到最高值(0.740 μg/L)。表层汞含量的等值线展示了以站位 H34 为中心,从湾口外向湾口内,形成了一系列不同梯度。在湾口外部,以站位 H34 为中心形成了汞的高含量区,汞含量从中心高含量(0.740 μg/L)由湾口外向湾口内沿梯度降低(图 9 -6)。在胶州湾的整个湾口水域,汞含量呈现出由外向内的递减趋势。

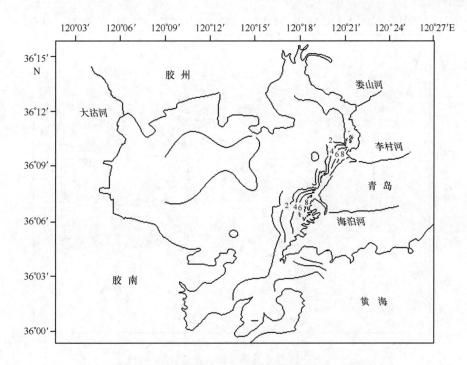

图 9 - 3　1980 年 10 月表层汞的分布（μg/L）

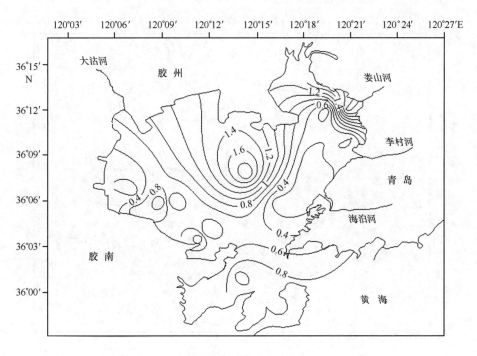

图 9 - 4　1981 年 4 月表层汞的分布（μg/L）

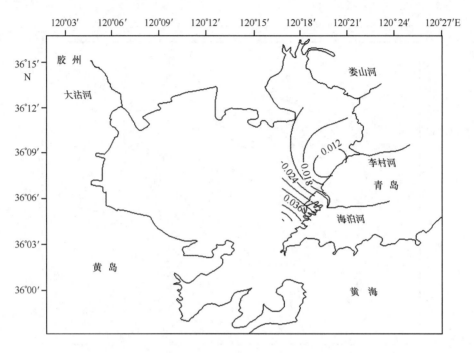

图 9-5 1982 年 6 月表层汞含量的分布($\mu g/L$)

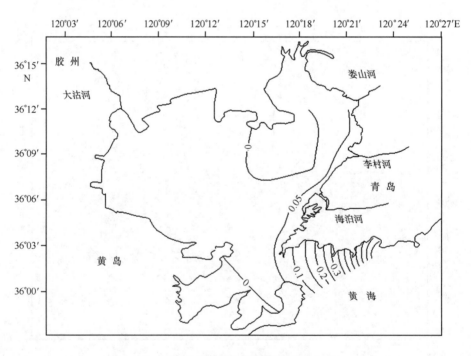

图 9-6 在 1983 年 9 月表层汞含量的分布($\mu g/L$)

9.2.6　1985 年 4 月水平分布

在 1985 年 4 月,胶州湾整个水域,表层汞含量都非常高。在胶州湾的东部,李村河入海口的近岸水域,站位为 2035,表层汞含量最高值达到 4.950 μg/L,并以站位 2035 为中心,形成了一系列不同梯度。于是,在李村河入海口,以站位 2035 为中心形成了汞的高含量区,汞含量从中心高含量(4.950 μg/L)沿梯度降低。而且汞的高含量扩展到整个胶州湾水域,包括到湾口,甚至到湾外水域,使得汞在胶州湾整个水域的含量都大于 0.125 μg/L(图 9 - 7)。

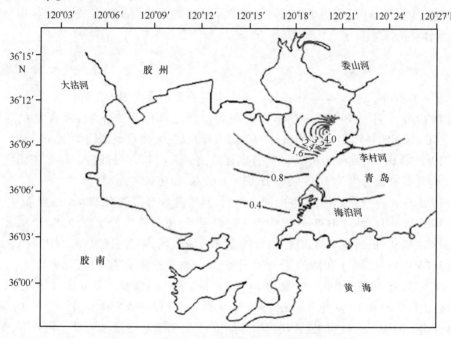

图 9 - 7　在 1985 年 4 月表层汞含量的分布(μg/L)

9.3　汞的污染源

9.3.1　点污染源

在 1979 年 5 月,H39 站位汞含量最高(0.46 μg/L),其他站位的汞含量很低;8 月,H34 站位汞含量最高(0.46 μg/L),其他站位水域汞含量都在 0.03 ~ 0.04 μg/L。

在 1980 年 10 月,在站位 D1、C1、C3 处的汞含量分别为 10.88 μg/L、13.04 μg/L 和 0.0832 μg/L,这比湾内其他站位高出 3 个数量级。

在 1981 年 4 月,站位 C3 的表层汞含量最高值达到 2.086 μg/L,以站位 C3 为中心,形成了一系列不同梯度。

在 1982 年 6 月,H37 站位的汞含量相对较高(0.049 μg/L),以站位 H37 为中心,从中心沿梯度降低。

在 1983 年 9 月,在站位 H34,表层汞含量达到最高值 0.740 μg/L,以站位 H34 为中心,从湾口外向湾口内,形成了一系列不同梯度。

在 1985 年 4 月,站位为 2035,表层汞含量最高值达到 4.950 μg/L,以站位 2035 为中心,形成了一系列不同梯度。

由此发现,在 1979—1985 年(缺 1984 年)期间,在胶州湾水体中的汞含量以某个站位为最高值,而其他站位的汞含量却非常低。这表明胶州湾水体中的汞来自于点污染源。而且在 1979—1985 年(缺 1984 年)期间,从 4—11 月汞在胶州湾水体中的含量,最高值和最低值相差 5 个数量级,表明在胶州湾水体中汞含量的变化是非常大的[15]。这也呈现出胶州湾水体中的汞来自于点污染源。

9.3.2　污染源的位置

1979—1985 年(缺 1984 年)期间,一年中出现汞含量最高值的位置:

在 1979 年 5 月,H39 站位,在李村河和娄山河之间的近岸水域,汞含量最高值为 0.46 μg/L。8 月,H34 站位,在湾口外的东部近岸水域,汞含量最高值为 1.68 μg/L。

在 1980 年 10 月,站位 D1、C1、C3,分别在海泊河入海口、李村河入海口、娄山河入海口,其汞含量最高值分别为 10.88 μg/L、13.04 μg/L 和 0.0832 μg/L。

在 1981 年 4 月,站位 C3,在娄山河入海口,其汞含量最高值为 2.086 μg/L。

在 1982 年 6 月,站位 H37,在海泊河入海口附近,汞含量相对较高,为 0.049 μg/L。

在 1983 年 9 月,站位 H34,在湾口外的东部近岸水域,汞含量最高值为 0.740 μg/L。

在 1985 年 4 月,站位 2035 在李村河入海口,汞含量最高值为 4.950 μg/L。

由此发现,在 1979—1985 年(缺 1984 年)期间,汞的高含量污染源来自于海泊河、李村河和娄山河。而在 1979 年 8 月和 1983 年 9 月,汞只有一个来源:是湾口外的水域,这是由海流输送的汞。由此可见,胶州湾水体中汞主要来源于河流和海流。河流带来了人类活动产生的污染,其汞含量范围在 0.46 ~ 13.04 μg/L;海流带来了自然界产生的,其汞含量范围在 0.74 ~ 1.68 μg/L.

9.3.3　污染源的特征

在 1979—1985 年(缺 1984 年)期间,在胶州湾的湾内东部近岸水域,有 3 条入湾径流:海泊河、李村河和娄山河。这 3 条河流给胶州湾整个水域带来了汞的高含量,其汞含量范围在 0.46 ~ 13.04 μg/L。于是,胶州湾整个水域的汞含量水平分布展示,以海泊河、李村河和娄山河 3 个入海口为中心,形成了一系列不同梯度,从中心沿梯度降低,扩展到胶州湾整个水域。另外,在湾口外的东部近岸水域,由海流带来了自然界产生的,其汞含量范围在 0.74 ~ 1.68 μg/L,以湾口外为中心,形成了一系列不同梯度,从中心沿梯度降低,扩展到胶州湾的湾口水域。

9.3.4　污染源的变化过程

在 1979—1985 年(缺 1984 年)期间,汞的高含量水平分布展现了重金属汞的重度污染,如1980年10月。汞的低含量水平分布展现了没有汞污染源,如1982年6月。于是,汞的污染源有变化过程出现二个阶段:重度污染源和没有污染源,用二个模型框图来表示,这与展示 HCH 的污染源的变化过程的三个模型框图中的二个是一致的。HCH 的污染源变化过程出现三个阶段:重度污染源、轻度污染源以及没有污染源,用三个模型框图来表示[16](图9-8),而 HCH 的重度污染源和没有污染源与汞的重度污染源和没有污染

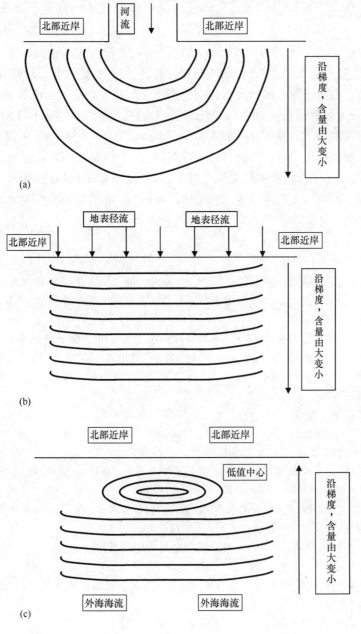

图9-8 汞的污染源变化过程的三个模型框图

(a) HCH 的严重污染源;(b)汞轻度污染源;(c)没有汞的污染源(杨东方,2011)

源所使用两个模型框图是一样的(图9-8)。这说明无论是重金属汞还是有机物 HCH 在污染源的特征和变化过程是一致的。然而,汞污染源的变化过程比 HCH 污染源的变化过程少了一个模型框图,也就是表示汞没有轻度污染源。这是因为 HCH 是面污染源,而汞是点污染源。

9.4 结论

在 1979—1985 年(缺 1984 年)期间,通过分析汞在胶州湾水域的水平分布和污染源变化,确定了在胶州湾水域汞污染源的点源、位置、特征和变化过程。研究发现,胶州湾水体中的汞来自于点污染源。胶州湾水体中汞来源于河流和海流。河流带来了人类活动产生的污染,其汞含量范围在 0.46 ~ 13.04 μg/L,汞的高含量污染源来自于海泊河、李村河和娄山河。海流带来了自然界产生的汞,其汞含量范围在 0.74 ~ 1.68 μg/L,汞含量来源于湾口外的水域,其方式是外海海流输送。而且用二个模型框图来表示汞的重度污染源和没有污染源,展示了汞污染源的变化过程。因此,要积极采取措施,提高汞的回收和循环利用,减少汞的排放,尤其要减少向河流中的排放,这样,才能减轻汞对环境的的污染。

参考文献

[1] 张淑美,庞学忠,郑舜琴. 胶州湾潮间带区海水中汞含量[J]. 海洋科学,1987,6(2):35-36.

[2] 吕小乔,孙秉一,史致丽. 胶州湾中汞的含量及其形态的分布规律[J]. 青岛海洋大学学报,1990,20(4):107-114.

[3] 柴松芳. 胶州湾海水总汞含量及其分布特征[J]. 黄渤海海洋. 1998,16(4):60-63.

[4] 杨东方,高振会. 海湾生态学[M]. 北京:中国教育文化出版社,2006,1-291

[5] 杨东方,曹海荣,高振会,等. 胶州湾水体重金属汞 I . 分布和迁移[J]. 海洋环境科学,2008,27(1):37-39.

[6] 杨东方,苗振清. 海湾生态学[M]. 北京:海洋出版社,2010,1-650.

[7] 杨东方,王磊磊,高振会,等. 胶州湾水体重金属汞 II . 分布和污染源[J]. 海洋环境科学,2009,28(5):501-505 .

[8] 杨东方,苗振清. 胶州湾环境的分布状况及季节变化[M]. 北京:海洋出版社出版,2012,1-115.

[9] 陈豫,张饮江,郭军辉,等. 胶州湾水体重金属汞的分布和季节变化[J]. 海洋开发与管理,2013,30(6):81-83.

[10] 杨东方,孙培艳,鞠莲,等. 胶州湾水域重金属汞的质量浓度和分布[J]. 海岸工程,2013,32(4):65-76.

[11] 杨东方,徐子钧,曲延峰,等. 胶州湾水体重金属汞的分布和输入方式[J]. 海岸工程,2014,33(1):67-78.

[12] 杨东方,耿晓,曲延峰,等. 胶州湾水体重金属汞的分布和重力特性[J]. 海洋开发与管理,2014,33(2).

[13] Chen Yu, Gao Zhenhui , Qu Yanheng, et al. Mercury distribution in the Jiaozhou Bay[J]. Chin. J. Oceanol. Limnol. 2007, 25(4): 455-458.

［14］ 国家海洋局. 海洋监测规范［Z］. 北京:海洋出版社,1991.

［15］ Yang Dongfang, Zhu Sixi, Wang Fengyou, et al. Effect of Hg in Jiaozhou Bay waters – The Temporal variation of the Hg content［J］. Applied Mechanics and Materials Vols. 556 – 562. 2014, 633 – 636.

［16］ 杨东方,苗振清,丁咨汝,等. 有机农药六六六对胶州湾海域水质的影响Ⅱ. 污染源变化过程［J］. 海洋科学, 2011,35(5): 112 – 116.

第 10 章 胶州湾水域重金属汞的陆地迁移过程

在医疗器械、冶金、化药生产、电子等诸多行业都用到了金属汞,其不仅在工业,而且在农业及日常生活用品中也有重要应用。汞在大量的使用中向大气、陆地地表和陆地水体排放,对人类生活的环境造成了严重的污染。自 20 世纪 60 年代初日本"水俣病"事件后,人类开始广泛关注汞这一持久性环境污染物,因此,研究水体中汞的季节变化,了解汞对环境造成持久性的污染有着非常重要的意义。在胶州湾水域,许多学者对汞的含量、分布、污染源及其污染现状和发展趋势都进行了研究[1-15]。本章根据 1979—1985 年(缺少 1984 年)胶州湾的调查资料,研究在 1979—1985 年汞在胶州湾海域的季节变化及其变化特征和过程,了解汞陆地迁移的变化过程,为判断汞对环境的污染程度及以治理提供科学理论基础。

10.1 背景

10.1.1 胶州湾自然环境

胶州湾位于山东半岛南部,其地理位置为 35°58′~36°18′N,120°04′~120°23′E,以团岛与薛家岛连线为界,与黄海相通,面积约为 446 km²,平均水深约 7 m,是一个典型的半封闭型海湾(图 10 – 1)。胶州湾入海的河流有十几条,其中径流量和含沙量较大的为大沽河和洋河,青岛市区的海泊河、李村河、板桥坊河、娄山河和湾头河 5 条河基本上无自身径流,河道上游常年干涸,中、下游已成为市区工业废水和生活污水的排污河,构成了外源有机物质和污染物的重要来源。

10.1.2 数据来源与方法

本章分析时所用调查数据由国家海洋局北海监测中心提供。胶州湾水体汞的调查[5,6,8-13]是按照国家标准方法进行的,该方法被收录在《海洋检测规范》(1991)[16]中,水样中的汞用冷原子吸收分光光度法进行测定。

在 1979 年 5 月、8 月、11 月,1980 年 6 月、7 月、9 月和 10 月,1981 年 4 月、8 月和 11 月,1982 年 4 月、6 月、7 月和 10 月,1983 年 5 月、9 月和 10 月,1985 年 4 月、7 月和 10 月,进行胶州湾水体汞的调查[5,6,8-13]。以每年 4 月、5 月、6 月份代表春季;7 月、8 月、9 月份代表夏季;10 月、11 月、12 月份代表秋季。

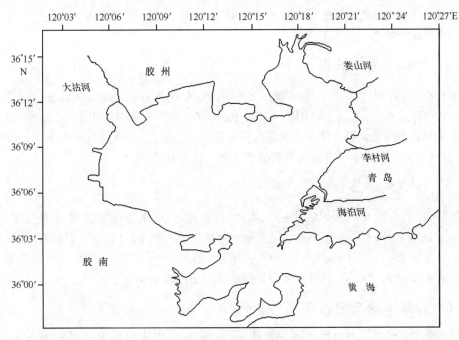

图 10-1　胶州湾地理位置

10.2　汞的季节分布

10.2.1　1979 年季节分布

在 1979 年 5 月、8 月、11 月,在春季,整个胶州湾表层水体中汞含量为 0.11 ~ 0.46 μg/L。在夏季,表层水体中汞含量为 0.03 ~ 1.68 μg/L,达到了一年中的最高值。在秋季,表层水体中汞含量普遍较低,在 0.01 ~ 0.02 μg/L,达到了一年中的最低值。因此,表层水体中汞含量由高到低的季节变化为夏季、春季、秋季。

10.2.2　1980 年季节分布

在 1980 年 6 月、7 月、9 月、10 月,在春季,胶州湾表层水体汞含量为 0.002 6 ~ 0.030 2 μg/L。在夏季,表层水体汞含量为 0.010 ~ 0.045 μg/L,表层水体中汞含量在上升。在 10 月,表层水体汞含量为 0.010 ~ 13.04 μg/L,达到了一年中的最高值。汞的季节变化形成了春、夏季低,在秋季就突然升高的特点,而且秋季表层水体中汞含量非常高。因此,表层水体中汞含量由高到低的季节变化为秋季、夏季、春季。

10.2.3　1981 年季节分布

在 1981 年,胶州湾水域的表层水体中,在 4 月,表层水体中汞含量范围为 0.027 9 ~ 2.086 μg/L;在 8 月,表层水体中汞含量范围为 0.001 2 ~ 0.039 68 μg/L;在 11 月,表层水体中汞含量范围为 0.001 8 ~ 0.017 4 μg/L。这表明在 4 月、8 月和 11 月,表层水体中汞含量范围变化非常接近,由高至低为 4 月、8 月、11 月。因此,表层水体中汞的含量由高到低的季节变化为春季、夏季、秋季。

10.2.4 1982 年季节分布

在 1982 年,胶州湾西南沿岸水域的表层水体中,在 4 月,表层水体中汞含量范围为 0.006 ~ 0.019 μg/L;在 7 月为 0.019 ~ 0.030 μg/L;在 10 月为 0.013 ~ 0.021 μg/L。这表明在 4 月、7 月和 10 月,表层水体中汞含量范围变化不大,汞含量由高到低依次为 7 月、10 月、4 月。故得到表层水体中汞含量由高到低的季节变化为夏季、秋季、春季。

10.2.5 1983 年季节分布

在 1983 年,在胶州湾水域的表层水体中,在 5 月,表层水体中汞含量范围为 0.016 ~ 0.214 μg/L;在 9 月,表层水体中汞含量范围为 0.009 ~ 0.740 μg/L;在 10 月,表层水体中汞含量范围为 0.028 ~ 0.244 μg/L。这表明在 5 月、9 月和 10 月,表层水体中 9 月汞含量范围涵盖了 5 月和 10 月。可见,表层水体中汞的季节分布已经不明显了。

10.2.6 1985 年季节分布

在 1985 年,在胶州湾水域的表层水体中,在 4 月,表层水体中汞含量范围为 0.125 ~ 4.950 μg/L;在 7 月,表层水体中汞含量范围为 0.126 ~ 0.347 μg/L;在 10 月,表层水体中汞含量范围为 0.029 ~ 0.051 μg/L。这表明在 4 月、7 月和 10 月,表层水体中汞含量范围变化非常大,水体表层汞含量由高到低依次为 4 月、7 月、10 月。因此,表层水体中汞含量由高到低的季节变化为春季、夏季、秋季。

10.2.7 年季节变化

通过从 4 月到 11 月汞在胶州湾水体中的含量变化(表 10 - 1),分析汞的高含量变化是否受到季节的影响。

表 10 - 1　从 4 月到 11 月汞在胶州湾水体中的含量[14]　　　　单位:μg/L

年份	4 月	5 月	6 月	7 月	8 月	9 月	10 月	11 月
1979 年		0.11 ~ 0.46			0.03 ~ 1.68			0.01 ~ 0.02
1980 年			0.002 6 ~ 0.030 2	0.010 6 ~ 0.045		0.01 ~ 0.022 8	0.01 ~ 13.04	
1981 年	0.027 9 ~ 2.086				0.001 2 ~ 0.039 68			0.001 8 ~ 0.017 4
1982 年	0.006 ~ 0.019		0.009 ~ 0.049	0.019 ~ 0.030			0.013 ~ 0.021	
1983 年		0.016 ~ 0.214				0.009 ~ 0.740	0.028 ~ 0.244	
1985 年	0.125 ~ 4.950			0.126 ~ 0.347			0.029 ~ 0.051	

通过 1979—1985 年(缺少 1984 年)的胶州湾水域调查资料,将汞的高含量连成曲线,展示了汞在这个期间有 3 个高峰值,1979 年的夏季、1980 年的秋季和 1985 年的春季。汞的高含量变化不受季节的影响,而是由汞排放源的排放量来决定的(图 10 - 2)。

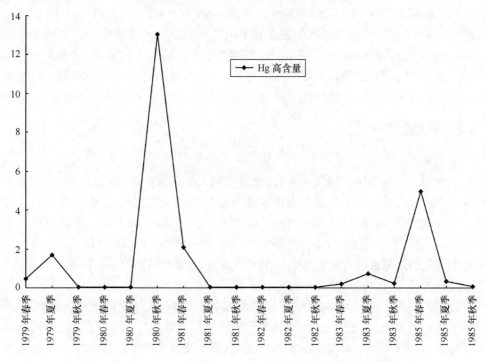

图 10 - 2　1979—1985 年(缺少 1984 年)的汞高含量的变化曲线

10.3　汞的陆地迁移

10.3.1　施用量

随着我国经济的高速发展,环境压力日益增大。胶州湾地区的工农业、养殖业、港口业发展迅速,在带来经济效益的同时,也造成该海域环境污染加剧。汞污染的陆源来源主要包括三个大的方面:工业、农业、城市生活。首先,煤、石油和天然气的燃烧释放出大量的含汞的废气和废渣,Lindqvist[17]认为人为因素排放的汞约占大气汞的 3/4,而其中由燃煤释放的汞则占全球人为排放总量的 60%。氯碱工业、塑料工业、电子工业、含汞炼金等也排放大量的含汞废水。其次,在农业上,污水灌溉和施用含汞农药也是污染的重要来源。随着城市化进程的加快,城市人口的增加,大量的生活垃圾也释放出大量的汞,有数据表明欧美各国垃圾中汞含量为 $25g/t$[18]。对此,汞的排放完全是由人类活动所决定的。在工农业高速发展过程中,城市化进程加快的过程中,汞的排放量和排放频率也在逐渐增加和加快。

10.3.2　河流输送

在 1979—1985 年(缺 1984 年)期间,胶州湾汞的高含量污染源来自于海泊河、李村河和娄山河。而在 1979 年 8 月和 1983 年 9 月,汞只有一个来源:是湾口外的水域,这是由海流输送的汞。这样,胶州湾水体中汞来源于河流和海流。河流带来了人类活动产生的污染,其汞含量范围在 0.46~13.04 $\mu g/L$;海流带来了自然界产生的汞,其汞含量范围在 0.74~1.68 $\mu g/L$。因此,随着经济的高速发展,人类活动产生的大量的汞都向自然界排放。无论向大气、陆地和水体的排放,最后都汇集到河流中,通过河流输送将汞输入海洋。

10.3.3　陆地迁移过程

1)人类活动

在工业、农业、城市生活的发展中,大量的汞向大气、陆地和水体进行排放,最后都汇集到河流中。人类活动产生汞没有固定排放的速率,也没有常量的排放,因而形成了许多不同的汞含量峰值,而且,这些高峰值不是以季节的变化确定,而是由人类的排放量来确定。这样,在胶州湾水域,汞的高含量展示了,在 1979—1985 年(缺少 1984 年)这个期间有 3 个汞含量的高峰值:1979 年的夏季、1980 年的秋季和 1985 年的春季。

2)陆地迁移

人类向大气排放汞,汞就沉降到陆地地表和陆地水体。人类向陆地地表排放汞,汞就沉积于土壤和地表中,经过雨水的冲刷,带到陆地的水体。人类又可以直接向陆地水体排放汞。这样,人类向大气、陆地和水体排放的汞都汇集于陆地的水体里,流入到河流中(图 10-3)。在胶州湾,海泊河、李村河和娄山河等河流均从湾的东北部入海,并从陆地带来了大量的汞,导致胶州湾海域水体中汞的含量大幅增加。这也说明了在胶州湾的东北部水域汞的含量相对较高,往西南方向递减;其西南水域包括湾中心、湾口和湾外,汞含量较低。

3)海湾高含量

在 1979—1985 年(缺 1984 年)期间,胶州湾水体中的汞来自于点污染源。在胶州湾水体中,汞来源于河流和海流。汞的高含量污染源为海泊河、李村河和娄山河,其汞含量范围在 0.46~13.04 $\mu g/L$。因此,胶州湾汞的高含量都来自于河流的输送。

4)模型框图

在 1979—1985 年(缺 1984 年)期间,在胶州湾水体中汞的含量没有季节的变化,是由人类的排放经过陆地迁移过程所决定的。汞的陆地迁移过程出现三个阶段:人类对汞的施用、汞沉积于土壤和地表中、河流和地表径流把汞输入到海洋的近岸水域。这可用模型框图来表示(图 10-3)。汞的陆地迁移过程通过模型框图来确定,就能分析并确定汞经过的路径和留下的轨迹。对此,这个模型框图展示了:汞从排放到大气、陆地地表及陆地水体,并最后经过河流输送至海洋近岸水域的过程。

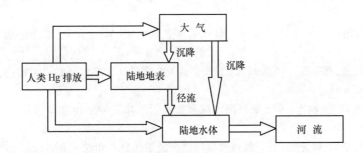

图 10 - 3　汞的陆地迁移过程模型框图

10.4　结论

在 1979—1985 年(缺 1984 年)期间,在时间尺度上,在胶州湾水域水体中,汞含量在这个期间有 3 个高峰值,1979 年的夏季、1980 年的秋季和 1985 年的春季。汞的高含量变化不受季节的影响,而是由汞的排放量来决定的。在空间尺度上,胶州湾的东北部水域有海泊河、李村河和娄山河的入海口,这些河流对湾东北部近岸水域的汞含量贡献突出。这都展示了汞的含量变化有梯度形成:从大到小呈下降趋势。因此,作者认为向近岸水域输入的汞是由胶州湾附近人类对汞的排放量大小所决定。

通过胶州湾沿岸水域的汞含量变化,展示了汞的陆地迁移过程:人类对汞的施用、汞沉积于土壤和地表中、河流和地表径流把汞输入到海洋的近岸水域。用模型框图展示了汞从排放到大气、陆地地表及陆地水体,并最后经过河流输送至海洋近岸水域的过程。因此,在胶州湾,大沽河、海泊河、李村河和娄山河均从湾的东北部入海,并携带大量汞污染物,给胶州湾带来了严重污染。

因此,人类要充分采取各种措施,尽可能地对汞进行循环利用,减少向大气、陆地地表及陆地水体的排放,这样,近岸水域的汞污染才会减少,使环境得到改善。

参考文献

[1]　张淑美,庞学忠,郑舜琴. 胶州湾潮间带区海水中汞含量[J]. 海洋科学,1987,6 (2): 35 - 36.

[2]　吕小乔,孙秉一,史致丽. 胶州湾中汞的含量及其形态的分布规律[J]. 青岛海洋大学学报,1990, 20(4):107 - 114.

[3]　柴松芳. 胶州湾海水总汞含量及其分布特征[J]. 黄渤海海洋. 1998,16(4):60 - 63.

[4]　杨东方,高振会. 海湾生态学[M]. 北京:中国教育文化出版社,2006,1 - 291

[5]　Chen Yu, Gao Zhenhui , Qu Yanheng, et al. Mercury distribution in the Jiaozhou Bay[J]. Chin. J. Oceanol. Limnol. 2007, 25(4): 455 - 458.

[6]　杨东方,曹海荣,高振会,等. 胶州湾水体重金属汞 I. 分布和迁移[J]. 海洋环境科学,2008, 27(1): 37 - 39.

[7]　杨东方,苗振清. 海湾生态学[M]. 北京:海洋出版社,2010,1 - 650.

［8］ 杨东方,王磊磊,高振会,等. 胶州湾水体重金属汞 II. 分布和污染源［J］. 海洋环境科学,2009, 28(5):501 – 505.

［9］ 杨东方,苗振清. 胶州湾环境的分布状况及季节变化［M］. 北京:海洋出版社出版,2012, 1 – 115.

［10］ 陈豫,张饮江,郭军辉,等. 胶州湾水体重金属汞的分布和季节变化［J］. 海洋开发与管理,2013, 30(6):81 – 83.

［11］ 杨东方,孙培艳,鞠莲,等. 胶州湾水域重金属汞的质量浓度和分布［J］. 海岸工程,2013, 32(4):65 – 76.

［12］ 杨东方,徐子钧,曲延峰,等. 胶州湾水体重金属汞的分布和输入方式［J］. 海岸工程,2014, 33(1):67 – 78.

［13］ 杨东方,耿晓,曲延峰,等. 胶州湾水体重金属汞的分布和重力特性［J］. 海洋开发与管理, 2014, 33(2).

［14］ Yang Dongfang, Zhu Sixi, Wang Fengyou, et al. Effect of Hg in Jiaozhou Bay waters – The Temporal variation of the Hg content［J］. Applied Mechanics and Materials Vols. 556 – 562. 2014, 633 – 636.

［15］ Yang Dongfang, Wang Fengyou, He Huazhong, et al. Effect of Hg in Jiaozhou Bay waters – The change process of the Hg pollution sources［J］. Advanced Materials Research Vols. 955 – 959. 2014, 1443 – 1447.

［16］ 国家海洋局. 海洋监测规范［Z］. 北京:海洋出版社,1991.

［17］ Lindqvist O. Atmosphere mercury – arrview［J］. Tellus,1985,37B:136 – 159

［18］ Reimann D O. Deposition of airborne mercury near point sources［J］. Water, Air, and SoiL Pollution, 1974,13:179 – 193

第 11 章 胶州湾水域重金属汞的水域迁移过程

汞(Hg)在工农业生产和城市发展中得到广泛应用。正是由于汞长期大量的使用,使其沉积于土壤和地表中,经过雨水的冲刷汇入江河,同时,又因含汞废水直接排放入河流中,对水体环境造成极大的污染[1-17]。研究水体中汞的垂直分布,了解汞对水体环境的污染有着非常重要的意义。

根据 1979—1985 年(缺少 1984 年)胶州湾水域的调查资料,研究重金属汞在胶州湾水域的存在状况[4-17]。在 1979—1985 年(缺 1984 年)期间,在胶州湾水体中汞的含量没有季节性变化,其变化是由人类的排放量经过陆地迁移过程所决定的;胶州湾水域汞的污染源发生了很大变化,这变化分为三种类型:重度污染源、轻度污染源以及没有污染源;汞的陆地迁移过程出现三个阶段:人类对汞的施用,汞沉积于土壤和地表中,河流和地表径流把汞输入到海洋的近岸水域。本章根据 1979—1985 年(缺少 1984 年)胶州湾的调查资料,研究汞在胶州湾海域的垂直分布,为治理汞污染提供理论依据。

11.1 背景

11.1.1 胶州湾自然环境

胶州湾位于山东半岛南部,其地理位置为 35°58′~36°18′N,120°04′~120°23′E,以团岛与薛家岛连线为界,与黄海相通,面积约为 446 km^2,平均水深约 7 m,是一个典型的半封闭型海湾(图 11-1)。胶州湾入海的河流有十几条,其中径流量和含沙量较大的为大沽河和洋河,青岛市区的海泊河、李村河、板桥坊河、娄山河和湾头河 5 条河基本上无自身径流,河道上游常年干涸,中、下游已成为市区工业废水和生活污水的排污河,构成了外源有机物质和污染物的重要来源。

11.1.2 数据来源与方法

本章分析时所用调查数据由国家海洋局北海监测中心提供。胶州湾水体汞的调查[4-17]是按照国家标准方法进行的,该方法被收录在《海洋检测规范》(1991)[18]中。水样中的汞用冷原子吸收分光光度法进行测定。

在 1979 年 5 月、8 月、11 月,1980 年 6 月、7 月、9 月和 10 月,1981 年 4 月、8 月和 11 月,1982 年 4 月、6 月、7 月和 10 月,1983 年 5 月、9 月和 10 月,1985 年 4 月、7 月和 10 月,进行胶州湾水体汞的调查[4-17]。以每年 4 月、5 月、6 月份代表春季;7 月、8 月、9 月份代表夏季;10 月、11 月、12 月份代表秋季。

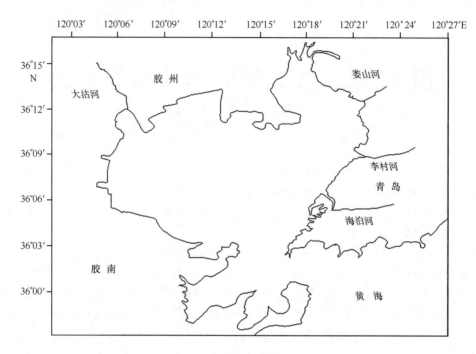

图 11 - 1　胶州湾地理位置

11.2　汞的垂直分布

11.2.1　1979 年垂直分布

5 月,表层水体中汞含量为 0.11 ~ 0.46 $\mu g/L$;8 月,各站位汞含量为 0.03 ~ 1.68 $\mu g/L$; 11 月,表层水体中汞含量为 0.01 ~ 0.02 $\mu g/L$。

胶州湾水域在春季和夏季期间,表层水体中汞含量远高于底层水体。在秋季期间,从 5—11 月汞含量从表层比底层高得多,逐渐转变为表层比底层低。

11.2.2　1980 年垂直分布

在 6 月、7 月、9 月,胶州湾表层汞含量为 0.002 6 ~ 0.045 $\mu g/L$。在整个胶州湾的 多数站位,表层水体汞含量大于底层。而在胶州湾近岸水域,底层水体汞含量大于表 层水体。表明了在 6 月、7 月、9 月中,胶州湾近岸水域汞的沉降。在 10 月,表层水体 汞含量为 0.010 0 ~ 0.030 0 $\mu g/L$。在 10 月,在海泊河和李村河入海口的近岸区域,表 层水体的汞含量低于底层水体。这表明了在 10 月,由海泊河和李村河输入的汞沉降 在近岸区域。

在 10 月,在胶州湾外水域,汞在表、底层水体中的含量都很高,表层水体的汞含量低 于底层水体。

11.2.3　1981 年垂直分布

4 月和 8 月,汞在胶州湾表层水体中的含量范围为 0.001 2 ~ 2.086 μg/L,在胶州湾的湾口水域,从湾口内侧到湾口,再到湾口外侧,在表层,汞含量沿梯度升高;在底层,汞含量沿梯度升高。这表明汞在表、底层的水平分布趋势是一致的。11 月,水体中汞含量为 0.001 8 ~ 0.017 4 μg/L,在胶州湾的湾口水域,从湾口内侧到湾口,再到湾口外侧,表层汞含量沿梯度降低,底层汞含量也沿梯度降低,这表明汞在表、底层的水平分布趋势是一致的。

11.2.4　1982 年垂直分布

在 4 月、7 月和 10 月,胶州湾西南沿岸水域表层汞含量范围为 0.006 ~ 0.030 μg/L。在胶州湾的西南沿岸水域,从西南的近岸到东北的湾中心:

在 4 月,在表层,汞含量沿梯度升高;在底层,汞含量沿梯度降低,这表明汞在表、底层的水平分布趋势是相反的。在 7 月,在表层,汞含量沿梯度降低;在底层,汞含量沿梯度升高,这表明汞在表、底层的水平分布趋势也是相反的。在 10 月,在表层,汞含量沿梯度降低;在底层,汞含量沿梯度升高,这表明汞在表、底层的水平分布趋势同样是相反的。总之,在 4 月、7 月和 10 月,胶州湾西南沿岸水域的水体中,表层汞的水平分布与底层分布趋势是相反的。

在 4 月、7 月和 10 月,表、底层汞含量都相近。在 4 月,表、底层汞含量差在各站位无负值。在 7 月,表、底层汞含量差只有 1 个站为负值,其余站为零或正值。在 10 月,表、底层汞含量差没有站为正值。这表明了汞的垂直迁移的过程。

11.2.5　1983 年垂直分布

在 5 月,在表层,在胶州湾的湾口水域,从湾口内侧到湾口,再到湾口外侧,表层汞含量为 0.214 ~ 0.023 μg/L。在湾口有 1 个低值区域,形成了一系列不同梯度的低值中心,汞含量由外部到中心降低,在底层也具有同样的分布。在胶州湾的湾口水域,汞在表、底层的水平分布趋势是一致的,而且表、底层的汞含量最大值和最小值站位也是一致的。

在 9 月,在表层,在胶州湾的湾口水域,从湾口内侧到湾口,再到湾口外侧,表层汞含量为 0.020 ~ 0.740 μg/L。表层汞含量从湾口内向湾口外沿梯度上升,在底层也具有同样的分布。在胶州湾的湾口水域,汞在表、底层的水平分布趋势是一致的,而且表、底层的汞含量最大值和最小值站位也是一致的。

在 10 月,在表层,在胶州湾的湾口水域,从湾口内侧到湾口,再到湾口外侧,表层汞含量为 0.244 ~ 0.028 μg/L。表层汞含量从湾口内向湾口外沿梯度下降,在底层也具有同样的分布。在胶州湾的湾口水域,汞在表、底层的水平分布趋势是一致的,而且表、底层的汞含量最大值站位也是一致的。

在 5 月、9 月和 10 月,在胶州湾的湾口水域,汞在表、底层的水平分布趋势是一致的,而且表、底层汞含量都相近。

11.2.6 1985 年垂直分布

在 4 月,胶州湾水体中的汞含量范围为 0.125 ~ 4.950 μg/L,在 7 月,胶州湾水体中的汞含量范围为 0.126 ~ 0.347 μg/L,在 10 月,胶州湾水体中的汞含量范围为 0.029 ~ 0.051 μg/L。

在 4 月、7 月和 10 月,在胶州湾的湾口水域设站位 2033、2032、2031,对表、底层汞进行调查。在 4 月,在表层,湾内的汞的高含量扩展到湾外,而在底层,由于汞含量比较低,又经过海流经过湾口的快速输送,于是,在胶州湾的湾口水域,形成了 1 个低值区域。在 7 月,由于汞含量的迅速沉降,在湾口内侧的表层汞含量由 4 月到 5 月逐渐下降,而在湾口内侧的底层汞含量的累计,就达到相对较高的值。而在湾口外侧的表层汞含量一直比较低,故在湾口外侧的底层水域,汞含量也一直比较低。在 10 月,在表层和底层汞含量都比较低,又经过海流经过湾口的快速输送,于是,在胶州湾的湾口水域,在表层和底层都形成了 1 个汞含量的低值区域。

11.3 汞的水域迁移

11.3.1 污染源

在 1979—1985 年(缺 1984 年)期间,发现汞污染物主要通过河流向胶州湾输入[15]。在时间尺度上,在整个胶州湾水域,汞含量的增加是主要由人类活动造成的,从汞含量的增加到高峰值,然后,经过汞在水域的迁移过程,降低到低谷值。在空间尺度上,向近岸水域输入汞是随着河流入海的,汞含量从大到小的变化,也就随着与河流入海口的距离远近而变化[16]。因此,在胶州湾水域,汞通过海泊河、李村河和娄山河等从湾的东北部入海,输入到胶州湾的近岸水域。

11.3.2 水域迁移过程

在胶州湾水域,汞随着河口汞浓度的高低和经过距离的变化进行迁移。

1)在东部近岸水域

(1)浓度高

1979 年 5 月和 8 月,表层水体中汞含量为 0.11 ~ 1.68 μg/L,表层水体中汞含量远高于底层水。

1980 年 6 月、7 月、9 月,胶州湾表层水体中汞含量为 0.002 6 ~ 0.045 μg/L。在整个胶州湾的多数站位,表层汞含量大于底层。而在胶州湾近岸水域,底层汞含量大于表层。表明了在 6 月、7 月、9 月中,胶州湾近岸水域汞的沉降。

(2)浓度低

1979 年 11 月,表层水体中汞含量为 0.01 ~ 0.02 μg/L,表层的汞含量低于底层。1980 年 10 月,表层汞含量为 0.010 0 ~ 0.030 0 μg/L,在海泊河和李村河入海口的近岸区域,表层的汞含量低于底层。这表明了在 10 月,由海泊河和李村河输入的汞沉降发生在近岸区域。

2）在湾口水域

（1）浓度高

1981 年 4 月和 8 月，胶州湾水体中的汞含量范围为 0.001 2 ~ 2.086 μg/L，在表、底层，汞含量沿梯度升高，表、底层的水平分布趋势是一致的。

1983 年在 9 月，在胶州湾的湾口水域，表层的汞含量为 0.020 ~ 0.740 μg/L。在表、底层汞含量从湾口内向湾口外沿梯度上升，表、底层的水平分布趋势是一致的，而且表、底层的汞含量最大值和最小值站位也是一致的。

1985 年 4 月，在表层，胶州湾水体中的汞含量范围为 0.125 ~ 4.950 μg/L，湾内的汞的高含量扩展到湾外，而在底层，由于汞含量比较低，形成了 1 个低值区域。

（2）浓度低

1981 年 11 月，水体中的汞含量为 0.001 8 ~ 0.017 4 μg/L，在表、底层，汞含量沿梯度降低，表、底层的水平分布趋势是一致的。

1983 年 5 月，在胶州湾的湾口水域，表层的汞含量为 0.214 ~ 0.023 μg/L。在湾口的表、底层有 1 个低值区域，形成了一系列不同梯度的低值中心，由外部到中心汞含量降低，表、底层的水平分布趋势是一致的，而且表、底层的汞含量最大值和最小值站位也是一致的。

1983 年 10 月，在表层，在胶州湾的湾口水域，表层的汞含量为 0.244 ~ 0.028 μg/L。在表、底层，汞含量从湾口内向湾口外沿梯度下降，表、底层的水平分布趋势是一致的，而且表、底层的汞含量最大值站位也是一致的。

1983 年 5 月、9 月和 10 月，在胶州湾的湾口水域，表、底层的汞含量都相近。

1985 年 7 月，胶州湾水体中的汞含量范围为 0.126 ~ 0.347 μg/L，由于汞含量迅速沉降，在湾口内侧的表层含量由 4 月到 5 月逐渐下降，而在湾口内侧的底层因汞含量的累计，就达到相对较高的值。而在湾口外侧的表层汞含量一直比较低，故在湾口外侧的底层汞含量也一直比较低。

1985 年 10 月，胶州湾水体中的汞含量范围为 0.029 ~ 0.051 μg/L，在表层和底层汞含量都比较低，在表层和底层都形成了 1 个汞含量的低值区域。

3）在西南沿岸水域

1982 年 4 月、7 月和 10 月，胶州湾西南沿岸水域汞含量范围为 0.006 ~ 0.030 μg/L。在胶州湾的西南沿岸水域，从西南的近岸到东北的湾中心，在 4 月、7 月和 10 月期间，表层汞的水平分布与底层分布趋势是相反的。

11.3.3 水域迁移模型框图

在 1979—1985 年（缺 1984 年）期间，胶州湾水体中汞含量的垂直分布是由水域迁移过程所决定，汞的水域迁移过程出现三个阶段：从污染源把汞输出到胶州湾水域、把汞输入到胶州湾水域的表层、汞从表层沉降到底层。这可用模型框图来表示（图 11 - 2）。汞的水域迁移过程通过模型框图来确定，就能确定汞经过的路径和留下的轨迹。对此，三个模型框图展示了汞含量的变化决定在水域迁移的过程。

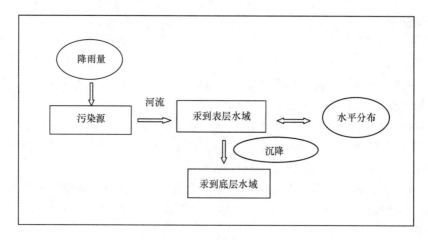

图 11 – 2　汞的水域迁移过程模型框图

　　胶州湾水体中汞含量的垂直分布,当表层汞含量比较高时,表层的汞含量大于底层含量。当表层汞含量比较低时,底层的汞含量大于表层含量。而在胶州湾东部的近岸水域,无论表层汞含量高或者低时,底层的汞含量都大于表层的含量。表明汞一旦进入胶州湾近岸水域,汞就开始沉降。

11. 3. 4　水域迁移的垂直分布

　　当河流开始输入汞时,输入至胶州湾水域汞的含量相对较低。于是,在东部的近岸水域汞的表层值小于底层,而在湾中心和西南沿岸水域汞的表层值大于底层,在湾口水域汞的表层值大于底层。当河流大量输入汞时,输入至胶州湾水域汞的含量与河流开始输入汞相比,相对较高。于是,在东部的近岸水域汞的表层值大于底层,在湾中心和西南沿岸水域汞的表层值小于底层,在湾口水域汞的表层值大于底层。这表明汞入海后沉降较快。当河流结束输入汞时,输入至胶州湾水域汞的含量与河流最初输入时相比,相对较低;与河流大量输入时相比,相对更低。而且汞在底层脱离水体,进入水底的沉积物中,就会导致汞在底层的值降低。于是,在东部的近岸水域、湾中心和西南沿岸水域和湾口水域中,部分水域汞的表层值大于底层,部分水域汞的表层值小于底层。

11. 4　结论

　　在 1979—1985 年(缺 1984 年)期间,在胶州湾水体中汞含量的垂直分布变化是由水域迁移过程所决定。汞的水域迁移过程出现三个阶段:从污染源把汞输出到胶州湾水域、把汞输入到胶州湾水域的表层、汞从表层沉降到底层。

　　在 1979—1985 年(缺 1984 年)期间, 汞的水域迁移过程表明:当河流开始输入汞时,在河流入海口的近岸水域及附近的湾内水域,汞的表层值小于底层;在湾口和湾外的水域,汞的表层值大于底层。当河流大量输入汞时,在河流入海口的近岸水域及附近的湾内水域,汞的表层值大于底层;在湾口的水域,汞的表层值小于底层;在湾外的水域,汞的表层值大于底层。当河流结束输入汞时,在河流入海口的近岸水域及附近的湾内水域,在湾口和湾外的水域,汞的表层值大于底层和小于底层的现象都存在。

因此,通过胶州湾水域汞的垂直分布,证明了汞的水域迁移过程。在胶州湾,汞的垂直分布按照时空分布来划分区域。在时间尺度上,一年中分为三个阶段:河流开始输入汞、河流大量输入汞和河流结束输入汞;在空间尺度上,把胶州湾水域分为三部分水域:湾内、湾口和湾外。

参考文献

[1] 张淑美,庞学忠,郑舜琴. 胶州湾潮间带区海水中汞含量[J]. 海洋科学,1987,6(2):35-36.

[2] 吕小乔,孙秉一,史致丽. 胶州湾中汞的含量及其形态的分布规律[J]. 青岛海洋大学学报,1990,20(4):107-114.

[3] 柴松芳. 胶州湾海水总汞含量及其分布特征[J]. 黄渤海海洋. 1998,16(4):60-63.

[4] 杨东方,高振会. 海湾生态学[M]. 北京:中国教育文化出版社,2006,1-291

[5] Chen Yu, Gao Zhenhui, Qu Yanheng, et al. Mercury distribution in the Jiaozhou Bay[J]. Chin. J. Oceanol. Limnol. 2007, 25(4): 455-458.

[6] 杨东方,曹海荣,高振会,等. 胶州湾水体重金属汞Ⅰ. 分布和迁移[J]. 海洋环境科学,2008,27(1):37-39.

[7] 杨东方,苗振清. 海湾生态学(上册)[M]. 北京:海洋出版社,2010,1-320.

[8] 杨东方,高振会. 海湾生态学(下册)[M]. 北京:海洋出版社,2010,321-650.

[9] 杨东方,王磊磊,高振会,等. 胶州湾水体重金属汞Ⅱ. 分布和污染源[J]. 海洋环境科学,2009,28(5):501-505.

[10] 杨东方,苗振清. 胶州湾环境的分布状况及季节变化[M]. 北京:海洋出版社出版,2012,1-115.

[11] 陈豫,张饮江,郭军辉,等. 胶州湾水体重金属汞的分布和季节变化[J]. 海洋开发与管理,2013,30(6):81-83.

[12] 杨东方,孙培艳,鞠莲,等. 胶州湾水域重金属汞的质量浓度和分布[J]. 海岸工程,2013,32(4):65-76.

[13] 杨东方,徐子钧,曲延峰,等. 胶州湾水体重金属汞的分布和输入方式[J]. 海岸工程,2014,33(1):67-78.

[14] 杨东方,耿晓,曲延峰,等. 胶州湾水体重金属汞的分布和重力特性[J]. 海洋开发与管理,2014,33(2).

[15] Yang Dongfang, Zhu Sixi, Wang Fengyou, et al. Effect of Hg in Jiaozhou Bay waters – The Temporal variation of the Hg content[J]. Applied Mechanics and Materials Vols. 556-562. 2014, 633-636.

[16] Yang Dongfang, Wang Fengyou, He Huazhong, et al. Effect of Hg in Jiaozhou Bay waters – The change process of the Hg pollution sources[J]. Advanced Materials Research Vols. 955-959. 2014, 1443-1447.

[17] Yang Dongfang, Zhu Sixi, Wang Fengyou, et al. Effect of Hg in Jiaozhou Bay waters – The land transfer process[J]. Advanced Materials Research Vols. 955-959. 2014, 2496-2500.

[18] 国家海洋局. 海洋监测规范[Z]. 北京:海洋出版社,1991.

第12章 胶州湾水域重金属汞的水域沉降过程

汞(Hg)在工农业生产和城市发展中起到重要的作用,是我们日常生活不可缺失的重要化学元素,由于其长期的大量使用,又因汞化学性质稳定,不易分解,大量的汞通过地表径流和河流,输送到海洋,然后储存在海底[1-12]。因此,研究海洋水体中汞的底层分布变化,了解汞对环境造成持久性的污染有着非常重要的意义。

根据1979—1985年(缺少1984年)胶州湾水域的调查资料,研究重金属汞在胶州湾水域的存在状况[4-12]。在1979—1985年(缺1984年)期间,在胶州湾水体中汞的含量没有季节的变化,而是由人类的排放量经过陆地迁移过程所决定的;胶州湾水域汞的污染源发生了很大变化,这变化分为三种类型:重度污染源、轻度污染源以及没有污染源;汞的陆地迁移过程出现三个阶段:人类对汞的施用、汞沉积于土壤和地表中、河流和地表径流把汞输入到海洋的近岸水域。通过不同的时空区域汞的垂直分布,阐明了汞垂直分布的规律及原因。本章根据1979—1985年(缺少1984年)胶州湾的调查资料,研究汞在胶州湾海域的底层分布变化,为治理汞污染提供理论依据。

12.1 背景

12.1.1 胶州湾自然环境

胶州湾位于山东半岛南部,其地理位置为35°58′~36°18′N,120°04′~120°23′E,以团岛与薛家岛连线为界,与黄海相通,面积约为446 km²,平均水深约7 m,是一个典型的半封闭型海湾(图12-1)。胶州湾入海的河流有十几条,其中径流量和含沙量较大的为大沽河和洋河,青岛市区的海泊河、李村河、板桥坊河、娄山河和湾头河5条河基本上无自身径流,河道上游常年干涸,中、下游已成为市区工业废水和生活污水的排污河,构成了外源有机物质和污染物的重要来源。

12.1.2 数据来源与方法

本章分析时所用调查数据由国家海洋局北海监测中心提供。胶州湾水体汞的调查[4-12]是按照国家标准方法进行的,该方法被收录在《海洋检测规范》(1991)[13]中。水样中的汞用冷原子吸收分光光度法进行测定。

在1979年5月、8月、11月,1980年6月、7月、9s月和10月,1981年4月、8月和11月,1982年4月、6月、7月和10月,1983年5月、9月和10月,1985年4月、7月和10月,进行胶州湾水体汞的调查[4-12]。以每年4月、5月、6月份代表春季;7月、8月、9月份代

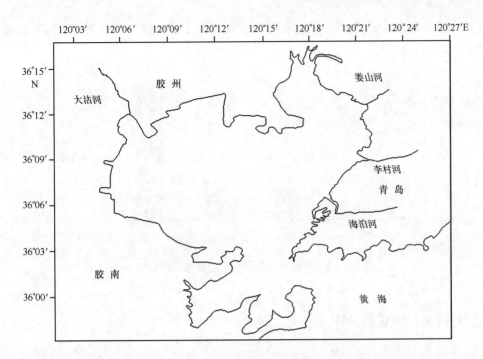

图 12 - 1　胶州湾地理位置

表夏季;10 月、11 月、12 月份代表秋季。

12.2　汞的底层分布

12.2.1　1979 年底层分布

在胶州湾,湾内西南水域的站位为 H36,湾口水域的站位为 H35,湾外水域的站位为 H34。

春季和夏季的时候,H34 站位表层汞含量在 0.11 ~ 1.68 μg/L,而底层汞含量仅有 0.03 ~ 0.14 μg/L;在夏季,H36 站位表层汞含量为 0.04 μg/L,而底层汞含量为 0.02 μg/L,这样,表层汞含量远高于底层。秋季时表层汞含量在 H34、H35、H36 三个站位达到 0.01 ~ 0.02 μg/L,此时底层汞含量为 0.01 ~ 0.05 μg/L,底层汞含量高于表层。从 5—11 月汞含量从底层比表层低得多,逐渐转变为底层比表层高。

12.2.2　1980 年底层分布

在 6 月,底层的汞含量为 0.002 1 ~ 0.007 4 μg/L;在 7 月,底层的汞含量为 0.001 6 ~ 0.021 3 μg/L;在 9 月,底层的汞含量为 0.004 7 ~ 0.028 7 μg/L;在 10 月,底层的汞含量为 0.012 5 ~ 0.09 μg/L。在时间上,在 6 月、7 月、9 月、10 月中,底层的汞含量随着月份的变化在增长(图 12 -2)。表明了随着时间的变化,胶州湾水域汞在不断地沉降,导致了底层的汞含量在不断地积累增长。在空间上,在整个胶州湾的多数站位,表层的汞含量大于底层含量。而在胶州湾近岸水域,底层的汞含量大于表层含量。表明了在胶州湾近岸水域,汞在迅速地沉降。

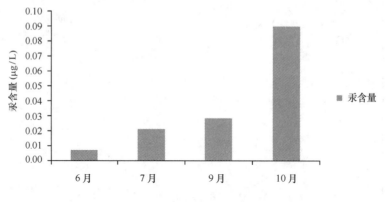

图 12 - 2　1980 年底层的汞含量随着月份的变化

12.2.3　1981 年底层分布

胶州湾水域的底层水体中,在 4 月,水体中的底层汞含量范围为 0.028 8 ~ 3.125 0 μg/L;在 8 月,水体中的底层汞含量范围为 0.002 ~ 0.026 24 μg/L;在 11 月,水体中的底层汞含量范围为 0.002 6 ~ 0.005 4 μg/L。

在胶州湾的湾口水域,从湾口内侧到湾口,再到湾口外侧:在 4 月,在此底层区域,汞含量下降的速度快,而且下降的含量高。表明了在胶州湾湾口水域,水体中高含量的汞能够大量地、迅速地沉降。底层汞含量的水平分布都呈现由湾口内侧到湾口,再到湾口外侧逐渐增加的趋势(图 12 - 3)。这说明由于汞迅速且大量地沉降,在底层累积增加。在 8 月,在此底层区域,汞含量比较低,沿梯度变化也比较低。表明了在胶州湾湾口水域,水体低含量的汞造成只有小量沉降。底层汞含量的水平分布都呈现由湾口内侧到湾口,再到湾口外侧逐渐增加的趋势(图 12 - 4)。这说明由于汞的不断地沉降,在底层累积增加。在 11 月,在此底层区域,汞含量更低,沿梯度变化也比较小。底层汞含量的水平分布都呈现由湾口内侧到湾口,再到湾口外侧逐渐减少的趋势(图 12 - 5)。而且,在 4 月、8 月和 11 月,表、底层的汞含量水平分布趋势是一致的。这表明水体中汞迅速地沉降,保持了表、底层的汞含量水平分布趋势的一致性。

12.2.4　1982 年底层分布

在胶州湾的西南沿岸水域,从西南的近岸到东北的湾中心,逐渐远离河流的输送来源。

胶州湾西南沿岸水域的底层水体中,在 4 月,水体中底层的汞含量范围为 0.005 ~ 0.007 μg/L;在 7 月,0.024 ~ 0.029 μg/L;在 10 月,0.020 ~ 0.032 μg/L。这表明在 4 月、7 月和 10 月,水体中底层的汞含量范围变化也不大,底层的汞含量由低到高依次为 4 月、7 月、10 月,底层的汞含量随着月份的变化在增长。表明了随着时间的变化,胶州湾水域汞在不断地沉降,导致底层汞含量不断地积累增长。

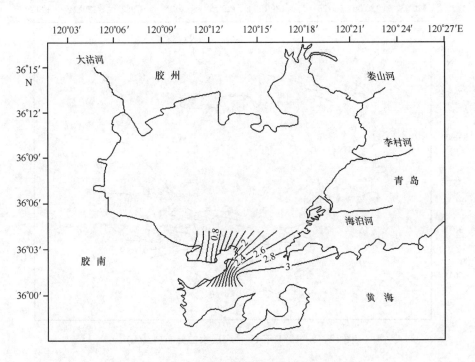

图 12 – 3   1981 年 4 月底层汞的分布(μg/L)

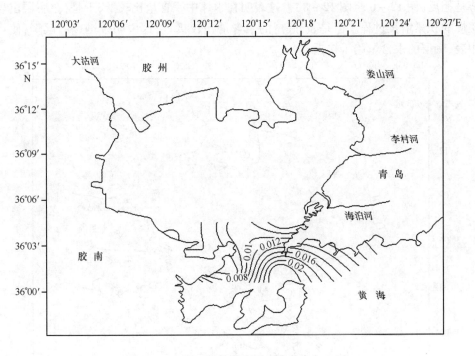

图 12 – 4   1981 年 8 月底层汞的分布(μg/L)

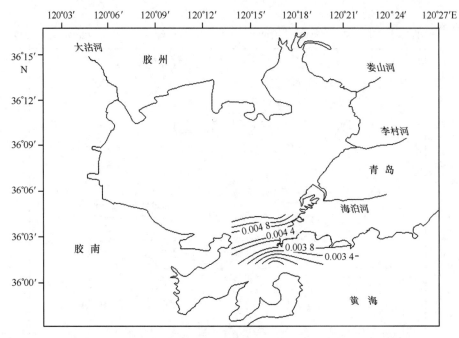

图 12 - 5　1981 年 11 月底层汞的分布（μg/L）

在 4 月、7 月和 10 月，胶州湾西南沿岸水域的水体中，表层汞的水平分布与底层分布趋势是相反（图 12 - 6 至图 12 - 8）。这表明在水体中汞含量比较低，于是，在底层出现了汞缓慢的积累增长过程。但是表、底层的汞含量比较接近，这说明汞迅速的沉降，使得水体中表、底层的汞含量趋于接近。

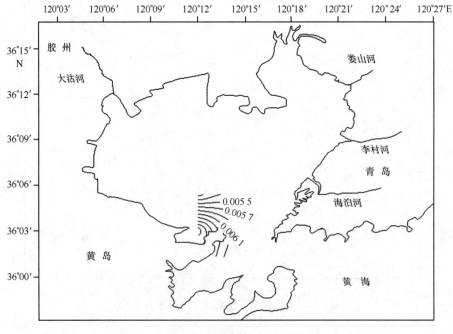

图 12 - 6　1982 年 4 月底层汞含量的分布（μg/L）

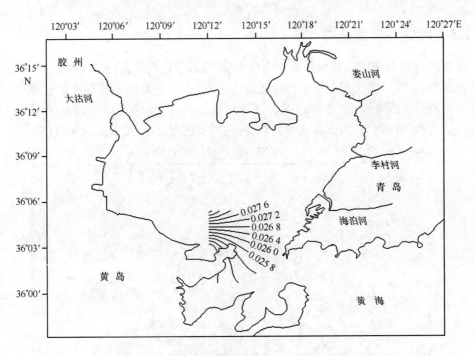

图 12 - 7　1982 年 7 月底层汞含量的分布(μg/L)

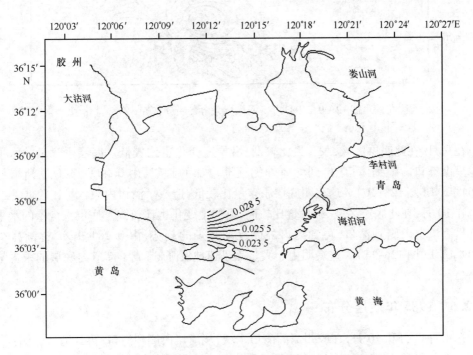

图 12 - 8　1982 年 10 月底层汞含量的分布(μg/L)

12.2.5 1983年底层分布

在5月、9月和10月,在胶州湾的湾口水域,从湾口内侧到湾口,再到湾口外侧:

在5月,在湾口底层有1个汞含量低值区域,形成了一系列不同梯度的低值中心,由外部到中心汞含量降低,在外部的汞含量为0.017 μg/L,沿梯度降低到0.010 μg/L(图12-9)。这表明在湾口,由于水流的湍急,将底层汞迅速地带走,就出现了低值中心。

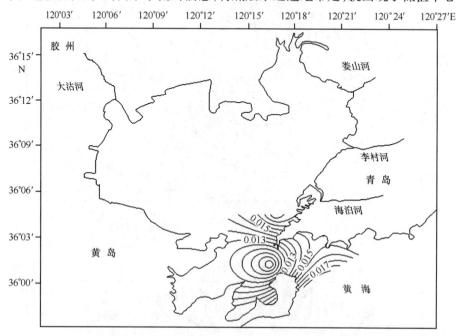

图12-9　1983年5月底层汞含量的分布(μg/L)

在9月,在此底层区域,汞含量比较低,沿梯度变化也比较低。底层汞含量的水平分布都呈由湾口内侧到湾口,再到湾口外侧逐渐增加的趋势,由0.009 μg/L逐渐增加到0.064 μg/L(图12-10)。这表明底层汞含量比较低,造成了湾口内汞含量比较低。

在10月,在此底层区域,汞含量比较高,沿梯度变化也比较高。底层汞含量的水平分布都呈由湾口内侧到湾口,再到湾口外侧逐渐减少的趋势,由0.284 μg/L逐渐减少到0.009 μg/L(图12-11)。这表明由于大量汞迅速地沉降,造成了湾口内底层的汞含量比较高。

12.2.6 1985年底层分布

在4月、7月和10月,在胶州湾的湾口水域,从湾口内侧到湾口,再到湾口外侧:

在4月和10月,在湾口有1个汞含量低值区域,形成了一系列不同梯度的低值中心,由湾口外侧的外部到中心汞含量降低。在4月,在湾口外侧的汞含量为0.075 μg/L,沿梯度降低到0.025 μg/L(图12-12)。在10月,在湾口外侧的汞含量为0.043 μg/L,沿梯度降低到0.004 μg/L(图12-13)。这表明在湾口,由于水流湍急,将底层汞迅速地带走,就出现了

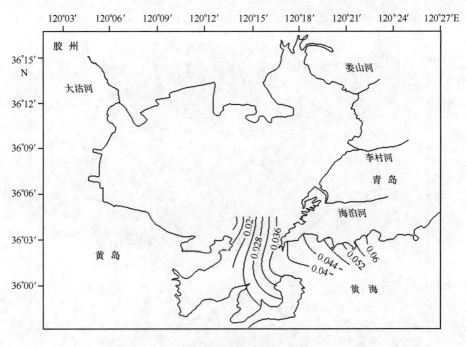

图 12-10　1983 年 9 月底层汞含量的分布(μg/L)

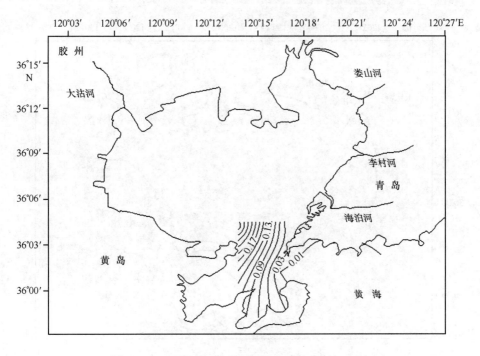

图 12-11　1983 年 10 月底层汞含量的分布(μg/L)

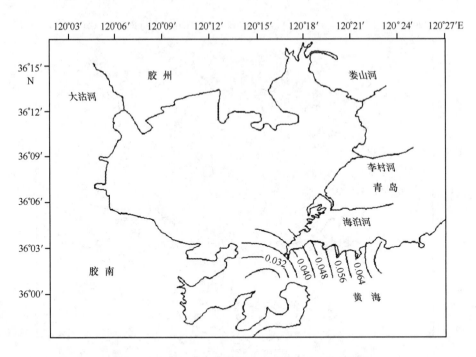

图 12 – 12 1985 年 4 月底层汞含量的分布(μg/L)

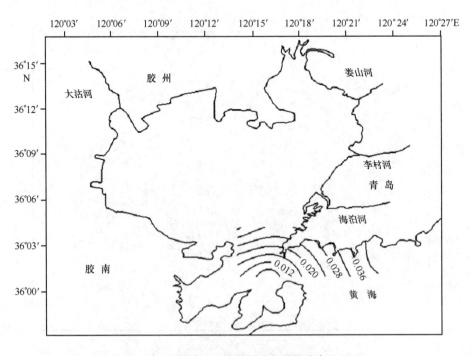

图 12 – 13 1985 年 10 月底层汞含量的分布(μg/L)

汞含量低值中心。

在7月,在此底层区域,汞含量比较高,沿梯度变化也比较高。底层汞含量的水平分布都呈由湾口内侧到湾口,再到湾口外侧逐渐降低的趋势,由0.333 μg/L逐渐降低到0.097 μg/L(图12-14)。这表明由于大量汞迅速沉降,造成了湾口内侧底层的汞含量比较高。

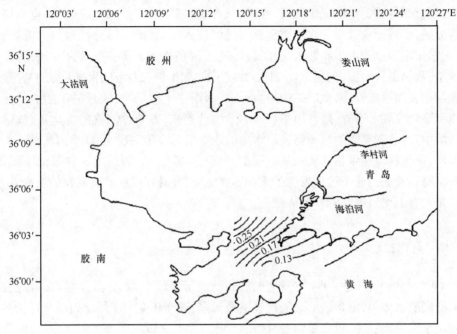

图12-14 1985年7月底层汞含量的分布(μg/L)

12.3 汞的沉降分布及过程

12.3.1 沉降分布

在1979—1985年(缺1984年)期间,发现底层分布具有以下特征:

(1)在胶州湾的底层水体中,汞含量从底层比表层低得多,逐渐转变为底层比表层高。表明汞沉降的累积过程,如在1979年从5月到11月。

(2)在胶州湾的底层水体中,底层汞含量随着月份的变化在增长。表明汞沉降的累积过程,如在1980年6月、7月、9月、10月。

(3)在胶州湾近岸水域,底层的汞含量大于表层含量。表明汞在迅速地沉降,如在1980年6月、7月、9月、10月。

(4)表、底层的汞含量水平分布趋势是一致的。表明汞的迅速沉降,如在1981年4月、8月和11月。

(5)表、底层的汞含量都接近。表明汞的迅速沉降,如在1982年4月、7月和10月。

（6）汞含量在湾口底层形成1个低值区域。表明底层汞能够被湾口湍急的水流迅速地带走，如在1983年5月以及1985年4月和10月。

12.3.2　水域沉降过程

通过胶州湾海域底层水体中汞含量的分布变化，展示了汞的沉降过程：汞在水里迁移过程中，一直保持其稳定的化学性质，在酸、碱、高温环境下不能被分解破坏，也不能为微生物所分解，不溶于或难溶于水。重金属汞随河流入海后，绝大部分经过重力沉降、生物沉降、化学作用等迅速由水相转入固相，最终转入沉积物中。从春季5月开始，海洋生物大量繁殖，数量迅速增加，到夏季（8月），形成了高峰值[14]，且由于浮游生物的繁殖活动，悬浮颗粒物表面形成胶体，此时的吸附力最强，吸附了大量的汞，大量的汞随着悬浮颗粒物迅速沉降到海底。这样，随着雨季（5—11月）的到来，季节性河流的变化，汞被输入胶州湾海域中，春季和夏季的胶州湾表层水中的汞含量远高于底层水，即使河流输入大量的汞到海洋，颗粒物质和生物体将汞从表层带到底层。在秋季，表层的汞含量低于底层，水体中汞沉降到海底。这个过程表明了汞在迅速沉降，并且在底层具有累积的过程，决定了底层分布具有上面所提到的6个特征。

12.4　结论

在1979—1985年（缺1984年）期间，胶州湾底层水体中，汞分布具有以下特征：①在胶州湾的底层水体中，汞含量从底层比表层低得多，逐渐转变为底层比表层高。②在胶州湾的底层水体中，底层的汞含量随着月份的变化在增长。③在胶州湾近岸水域，底层的汞含量大于表层。④表、底层的汞含量水平分布趋势是一致的。⑤表、底层的汞含量都接近。⑥汞含量在湾口底层形成1个低值区域。因此，在胶州湾水域，汞底层分布所具有的6个特征使我们通过汞表层含量变化就能确定其底层含量变化及分布状况。

通过胶州湾沿岸水域汞底层的含量分布，展示了汞的沉降过程。沉降过程揭示了汞在下降到水底的特征：①汞本身的化学性质十分稳定，很难溶于水。②悬浮颗粒物在汞含量最高时达到高峰值。③悬浮颗粒物表面形成胶体时具有最强的吸附力。④大量的汞随着悬浮颗粒物迅速沉降到海底。因此，沉降过程的特征说明了汞底层分布所具有的特征。

在1979—1985年（缺1984年）期间，在空间尺度上，胶州湾表层输入的汞由胶州湾近岸水域的河流输入，从湾口及湾外的水域，就出现了汞含量的大幅度下降的现象。在时间尺度上，在胶州湾，从河流开始输入汞、河流大量输入汞和河流结束输入汞的整个过程中，水体中表层汞的高含量变化到低含量，汞含量的大幅度减少；而在水体中底层汞的低含量变化到高含量。这些都证明沉降过程对汞含量变化的作用。这样，通过汞含量的沉降过程，就呈现了汞在时空变化中的迁移路径。

参考文献

[1]　张淑美,庞学忠,郑舜琴. 胶州湾潮间带区海水中汞含量[J]. 海洋科学,1987,6(2)：35-36.

[2]　吕小乔,孙秉一,史致丽. 胶州湾中汞的含量及其形态的分布规律[J]. 青岛海洋大学学报, 1990, 20(4):107-114.

[3]　柴松芳. 胶州湾海水总汞含量及其分布特征[J]. 黄渤海海洋. 1998,16(4):60-63.

[4]　杨东方,高振会. 海湾生态学[M]. 北京:中国教育文化出版社,2006,1-291

[5]　Chen Yu, Gao Zhenhui, Qu Yanheng, et al. Mercury distribution in the Jiaozhou Bay[J]. Chin. J. Oceanol. Limnol. 2007, 25(4): 455-458.

[6]　杨东方,曹海荣,高振会,等. 胶州湾水体重金属汞Ⅰ. 分布和迁移[J]. 海洋环境科学,2008, 27(1):37-39.

[7]　杨东方,苗振清. 海湾生态学(上册)[M]. 北京:海洋出版社,2010,1-320.

[8]　杨东方,高振会. 海湾生态学(下册)[M]. 北京:海洋出版社,2010,321-650.

[9]　杨东方,王磊磊,高振会,等. 胶州湾水体重金属汞Ⅱ. 分布和污染源[J]. 海洋环境科学,2009, 28(5):501-505.

[10]　杨东方,苗振清. 胶州湾环境的分布状况及季节变化[M]. 北京:海洋出版社出版,2012, 1-115.

[11]　陈豫,张饮江,郭军辉,等. 胶州湾水体重金属汞的分布和季节变化[J]. 海洋开发与管理,2013, 30(6):81-83.

[12]　杨东方,孙培艳,鞠莲,等. 胶州湾水域重金属汞的质量浓度和分布[J]. 海岸工程,2013, 32(4):65-76.

[13]　国家海洋局. 海洋监测规范[Z]. 北京:海洋出版社,1991.

[14]　杨东方,王凡,高振会,等. 胶州湾浮游藻类生态现象[J]. 海洋科学,2004,28(6):71-74.

第13章　胶州湾水域重金属汞的水域迁移机制

汞(Hg)在工农业和城市发展中得到了广泛的应用,汞沉积于土壤和地表中,经过雨水的冲刷汇入江河,同时,也因大量含汞废水直接排放入河流中,汞最后通过河流进入海口。这对近岸海洋环境造成了污染[1-16]。研究入海口处水体中汞迁移过程,了解汞对水体环境的污染有着非常重要的意义。本章根据1979—1985年(缺少1984年)胶州湾的调查资料,研究在胶州湾海域的入海口,水体中汞的迁移过程,为治理汞污染提供理论依据。

13.1　背景

13.1.1　胶州湾自然环境

胶州湾位于山东半岛南部,其地理位置为35°58′~36°18′N,120°04′~120°23′E,以团岛与薛家岛连线为界,与黄海相通,面积约为446 km²,平均水深约7 m,是一个典型的半封闭型海湾(图13-1)。胶州湾入海的河流有十几条,其中径流量和含沙量较大的为大沽河和洋河,青岛市区的海泊河、李村河、板桥坊河、娄山河和湾头河5条河基本上无自身

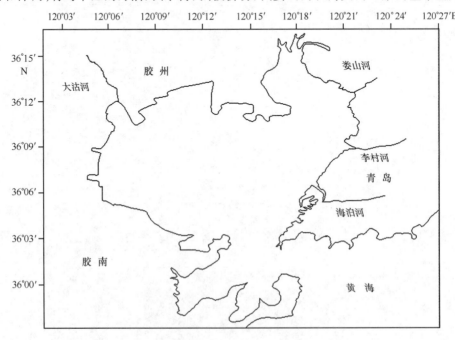

图13-1　胶州湾地理位置

径流,河道上游常年干涸,中、下游已成为市区工业废水和生活污水的排污河,构成了外源有机物质和污染物的重要来源。

13.1.2 数据来源与方法

本章分析时所用调查数据由国家海洋局北海监测中心提供。胶州湾水体汞的调查[4-13]是按照国家标准方法进行的,该方法被收录在《海洋检测规范》(1991)[14]中,水样中的汞用冷原子吸收分光光度法进行测定。

在1979年5月、8月、11月,1980年7月、8月和10月,1981年4月、8月和11月,1982年4月、6月、7月和10月,1983年5月、9月和10月,1985年4月、7月和10月,进行胶州湾水体汞的调查[4-13]。以每年4月、5月、6月份代表春季;7月、8月、9月份代表夏季;10月、11月、12月份代表秋季。

13.2 汞的迁移

13.2.1 污染源

在1979—1985年(缺1984年)期间[4-13],胶州湾水体中汞含量没有季节的变化,而是由人类的汞排放量经过陆地迁移过程所决定的;胶州湾水域汞的污染源发生了很大变化,这变化分为两种类型:重度污染源和没有污染源;汞的陆地迁移过程出现三个阶段[15]:人类对汞的施用、汞沉积于土壤和地表中、河流和地表径流把汞输入到海洋的近岸水域。

汞主要是通过河流向胶州湾输入的[16]。在时间尺度上,在整个胶州湾水域,汞含量的增加是由人类活动造成的,从汞含量的增加到高峰值,然后,经过汞在水域的迁移过程,降低到低谷值。在空间尺度上,向近岸水域输入汞是随着河流入海的,海域中汞含量从大到小的变化,也就随着与河流入海口的距离远近而变化[17]。因此,在胶州湾水域,汞通过海泊河、李村河和娄山河等从湾的东北部入海,输入到胶州湾的近岸水域。

13.2.2 水域迁移过程

在1979—1985年(缺1984年)期间,发现汞的水域迁移过程出现三个阶段:从污染源把汞输出到胶州湾水域、把汞输入到胶州湾水域的表层、汞从表层沉降到底层。研究结果表明汞的水域迁移过程:从春季5月开始,海洋生物大量繁殖,数量迅速增加,到夏季(8月),形成了高峰值[18],且由于浮游生物的繁殖活动,悬浮颗粒物表面形成胶体,此时的吸附力最强,吸附了大量的汞,大量的汞随着悬浮颗粒物迅速沉降到海底。这样,随着雨季(5—11月)的到来,季节性河流的变化,汞被输入胶州湾海域中,春季和夏季水体表层的汞含量远高于底层水。即使河流输入大量的汞到海洋,颗粒物质和生物体将汞从表层带到底层。在秋季,表层的汞含量低于底层,水体中汞沉降到海底。因此,表明了汞在迅速沉降,并且在底层具有累积的过程。

13.2.3 水域迁移机制

根据胶州湾表、底层的汞垂直分布,将整个水域分为 X、Y、Z 三部分,分别称为 X 水域、Y水域、Z水域。X水域为输入汞的河流和地表径流入海口处的近岸水域,Y水域为远离X(近岸水域)的水域,而且Y水域包括了沉降到底层的大量汞。Z水域为更远离X近岸水域的水域,在Z水域的表层几乎没有大量的汞,也没有沉降到底层的大量汞。

当河流开始输入汞时,输入胶州湾水域的汞含量相对较低。于是,在X水域汞的表层值小于底层,在Y水域汞的表层值大于底层,在Z水域汞的表层值大于底层(图13-2)。

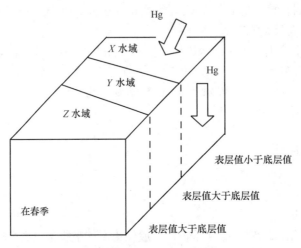

图13-2　汞在春季的水域迁移机制

当河流向海湾大量输入汞时,输入胶州湾水域的汞含量与河流开始输入时相比,相对较高。于是,在X水域汞的表层值大于底层,在Y水域汞的表层值小于底层,在Z水域汞的表层值大于底层(图13-3)。这表明汞入海后沉降较快。

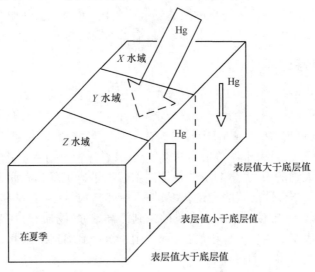

图13-3　汞在夏季的水域迁移机制

当河流结束输入汞时,输入胶州湾水域的汞含量与河流最初输入时相比,相对较低;与河流大量汞输入时相比,相对更低。而且汞在底层脱离水体,进入水底的沉积物中,就会导致汞的底层值降低。于是,在 X 水域、Y 水域和 Z 水域中,会造成部分水域汞的表层值大于底层,也可造成部分水域汞的表层值小于底层(图 13 – 4)。

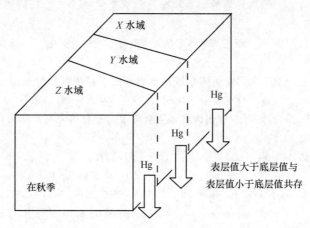

图 13 – 4 汞在秋季的水域迁移机制

13.3 结论

在 1979—1985 年(缺 1984 年)期间, 汞的水域迁移机制表明,胶州湾水域,汞含量随着入海口来源的高低和经过距离的变化进行迁移。当河流开始输入汞时,其汞的含量在表、底层的大小都发生了变化。在胶州湾,汞的水域迁移机制按照时空分布来划分区域。在时间尺度上,一年中分为三个阶段:河流开始输入汞、河流大量输入汞和河流结束输入汞;在空间尺度上,把胶州湾水域分为三部分水域:湾内、湾口和湾外。这样,汞的水域迁移机制通过入海口处汞含量高低,就可以确定在不同的水域汞含量在表、底层的大小关系。

参考文献

[1] 张淑美,庞学忠,郑舜琴. 胶州湾潮间带区海水中汞含量[J]. 海洋科学,1987,6 (2):35 – 36.

[2] 吕小乔,孙秉一,史致丽. 胶州湾中汞的含量及其形态的分布规律[J]. 青岛海洋大学学报,1990, 20(4):107 – 114.

[3] 柴松芳. 胶州湾海水总汞含量及其分布特征[J]. 黄渤海海洋. 1998,16(4):60 – 63.

[4] 杨东方,高振会. 海湾生态学[M]. 北京:中国教育文化出版社,2006,1 – 291

[5] Yu Chen, Gao Zhenhui , Qu Yanheng, et al. Mercury distribution in the Jiaozhou Bay[J]. Chin. J. Oceanol. Limnol. 2007, 25(4): 455 – 458.

[6] 杨东方,曹海荣,高振会,等. 胶州湾水体重金属汞 I. 分布和迁移[J]. 海洋环境科学,2008, 27(1): 37 – 39.

［7］ 杨东方,苗振清. 海湾生态学(上册)［M］. 北京:海洋出版社,2010,1 – 320.

［8］ 杨东方,高振会. 海湾生态学(下册)［M］. 北京:海洋出版社,2010,321 – 650.

［9］ 杨东方,王磊磊,高振会,等. 胶州湾水体重金属汞Ⅱ. 分布和污染源［J］. 海洋环境科学,2009, 28(5):501 – 505 .

［10］ 杨东方,苗振清. 胶州湾环境的分布状况及季节变化［M］. 北京:海洋出版社出版, 2012, 1 – 115.

［11］ 陈豫,张饮江,郭军辉,等. 胶州湾水体重金属汞的分布和季节变化［J］. 海洋开发与管理,2013, 30(6): 81 – 83.

［12］ 杨东方,孙培艳,鞠莲,等. 胶州湾水域重金属汞的质量浓度和分布［J］. 海岸工程, 2013, 32(4): 65 – 76.

［13］ 杨东方,徐子钧,曲延峰,等. 胶州湾水体重金属汞的分布和输入方式［J］. 海岸工程,2014, 33(1):67 – 78.

［14］ 国家海洋局. 海洋监测规范［Z］. 北京:海洋出版社,1991.

［15］ Chen Yu, Qu Yanfeng, Pei Renlin, et al. Effect of Hg in Jiaozhou Bay waters – The aquatic transfer process［J］. Advanced Materials Research Vols. 955 – 959. 2014, 2491 – 2495.

［16］ Yang Dongfang, Zhu Sixi, Wang Fengyou, et al. Effect of Hg in Jiaozhou Bay waters – The land transfer process［J］. Advanced Materials Research Vols. 955 – 959. 2014, 2496 – 2500.

［17］ Yang Dongfang, Zhu Sixi, Wang Fengyou, et al. Effect of Hg in Jiaozhou Bay waters – The Temporal variation of the Hg content［J］. Applied Mechanics and Materials Vols. 556 – 562. 2014, 633 – 636.

［18］ Yang Dongfang, Wang Fengyou, He Huazhong, et al. Effect of Hg in Jiaozhou Bay waters – The change process of the Hg pollution sources［J］. Advanced Materials Research Vols. 955 – 959. 2014, 1443 – 1447.

［19］ 杨东方,王凡,高振会,等. 胶州湾浮游藻类生态现象［J］. 海洋科学,2004,28(6):71 – 74.

第 14 章　胶州湾水域重金属汞的水域迁移规律

随着世界经济的发展,各国工农业生产水平发展迅猛,城市化程度不断提高。在这个过程中,大量的含汞工业废水和生活污水被排放到周围环境中。由于汞及其化合物属于剧毒物质,这给人类带来许多不安全因素,如对人类的神经系统和生殖系统造成破坏等。在日本成为发达国家的发展过程中,发现汞的毒性呈现出对神经和生殖的破坏,人类和动物遭受疾病折磨,严重将导致死亡。然而,汞是我们日常生活中不可缺失的重要化学元素,但汞化学性质稳定,不易分解,长期残留于环境中,因而对环境和人类健康产生持久性的毒害作用[1-12]。因此,对汞在水体中的迁移过程进行研究有着非常重要的意义。

本章根据 1979—1985 年(缺少 1984 年)胶州湾水域的调查资料,在空间上,研究重金属汞每年在胶州湾水域的存在状况[4-12];在时间上,研究在五年期间重金属汞在胶州湾水域的变化过程[8-12]。因此,通过汞对胶州湾海域水质的影响的研究,展示了汞在胶州湾海域的迁移规律,为治理汞污染提供理论依据。

14.1　背景

14.1.1　胶州湾自然环境

胶州湾位于山东半岛南部,其地理位置为 35°58′~36°18′N,120°04′~120°23′E,以团岛与薛家岛连线为界,与黄海相通,面积约为 446 km²,平均水深约 7 m,是一个典型的半封闭型海湾(图 14-1)。胶州湾入海的河流有十几条,其中径流量和含沙量较大的为大沽河和洋河,青岛市区的海泊河、李村河、板桥坊河、娄山河和湾头河等 5 条河基本上无自身径流,河道上游常年干涸,中、下游已成为市区工业废水和生活污水的排污河,构成了外源有机物质和污染物的重要来源。

14.1.2　数据来源与方法

本章分析时所用调查数据由国家海洋局北海监测中心提供。胶州湾水体汞的调查[4-12]是按照国家标准方法进行的,该方法被收录在《海洋检测规范》(1991)中[13],水样中的汞用冷原子吸收分光光度法进行测定。

在 1979 年 5 月、8 月、11 月,1980 年 6 月、7 月、9 月和 10 月,1981 年 4 月、8 月和 11 月,1982 年 4 月、6 月、7 月和 10 月,1983 年 5 月、9 月和 10 月,1985 年 4 月、7 月和 10 月,进行胶州湾水体汞的调查[4-12]。以每年 4 月、5 月、6 月份代表春季;7 月、8 月、9 月份代表夏季;10 月、11 月、12 月份代表秋季。

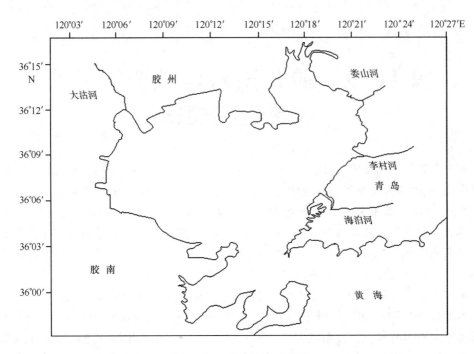

图 14 - 1　胶州湾地理位置

14.2　汞的研究结果

14.2.1　1979 年研究结果

根据 1979 年胶州湾水域调查资料,并且与近几十年来的调查资料进行对比分析,探讨和研究胶州湾重金属汞的平面分布、垂直分布、季节分布以及发展趋势。结果表明:胶州湾东北部海域春季污染较为严重,西南部的污染程度相对较轻;春季和夏季的表层汞含量大于底层含量,秋季时底层汞含量高于表层含量;而且春季汞污染较为严重,秋季水质状况最好。从历史资料来看,1979 年到 1982 年,汞污染在加剧;1982 年到 1997 年,汞污染程度减轻,在 1997 年就达到了一类海水水质的要求;1997 年到 1999 年,水质更加清洁。

14.2.2　1980 年研究结果

根据 1980 年 6 月、7 月、9 月、10 月胶州湾水域调查资料,探讨和研究胶州湾重金属汞的水质、平面分布、垂直分布、月变化以及污染源。结果表明:在胶州湾东部近岸,有 3 个汞的重度污染源:海泊河、李村河和娄山河,汞含量范围为 0.083 2 ~ 13.04 μg/L。在近岸水域有 2 个汞的轻度污染源:薛家岛的两侧,汞含量范围为 0.063 7 ~ 0.134 μg/L;在胶州湾近岸水域,汞含量为 0.030 ~ 0.050 μg/L;胶州湾中心水域,其汞含量都低于 0.030 μg/L。胶州湾海域表层水体和底层水体中汞含量分布的变化证实了汞的迁移过程,表明了汞入海后沉降较快,并沉降在胶州湾近岸水域。通过胶州湾汞污染的时空分布,认为人类活动是造成汞污染的主要因素,汞污染的程度与采取的措施密切相关。因此,要治理胶州湾汞污染,首要措施是控制胶州湾周边陆源污染物的排放。

14.2.3　1981 年研究结果

根据 1981 年 4 月、8 月和 11 月胶州湾水域调查资料,探讨和研究胶州湾重金属汞的水质、平面分布、垂直分布、季节变化以及污染源。结果表明:在 1981 年,春季胶州湾汞污染比较严重,汞含量为 0.027 9 ~ 2.086 μg/L。夏季汞在整个胶州湾含量较低,为 0.001 2 ~ 0.039 68 μg/L。秋季汞在整个胶州湾含量较低,为 0.001 8 ~ 0.017 4 μg/L。在春季,胶州湾水域的汞污染源主要来自于东部近岸水域。在夏、秋季,在胶州湾整个水域,没有汞污染源,只有一些少量的来源。汞含量的垂直分布展示了汞的沉降过程和迁移过程。胶州湾表层汞含量的季节变化过程:在一年中,春季表层的汞含量比较高,夏季表层的汞含量比较低,秋季更低。通过胶州湾汞污染的时空分布看,要减少春季汞对通向大海的河流的排放。

14.2.4　1982 年研究结果

根据 1982 年 4 月、6 月、7 月和 10 月胶州湾水域调查资料,探讨和研究胶州湾重金属汞的水质、平面分布、垂直分布、季节变化以及来源。结果表明:胶州湾水体中的汞含量范围为 0.006 ~ 0.049 μg/L,在胶州湾整个水域,没有受到汞的污染。在胶州湾西南沿岸水域,地表径流直接输送汞入海,含量都非常低;在胶州湾东部沿岸水域,河流输送汞入海,含量相对较高。表、底层的汞水平分布证实了汞的水域迁移过程和水域迁移机制。汞含量的垂直分布展示了胶州湾表层水质受到陆地地表径流输送汞的影响,而胶州湾底层水质受到累计沉降效应的影响。通过胶州湾汞的时空分布,发现如果控制汞的排放措施得当,输入胶州湾水域的汞会大为减少。

14.2.5　1983 年研究结果

根据 1983 年 5 月、9 月和 10 月胶州湾水域调查资料,研究和分析胶州湾重金属汞的水质、平面分布、垂直分布、季节变化以及来源。结果表明:胶州湾水体中的汞含量范围为 0.009 ~ 0.740 μg/L;在 5 月和 9 月,胶州湾整个湾内水域没有受到汞的污染,而在湾外水域受到汞的污染;在 10 月,在汞含量方面,在胶州湾整个水域都受到汞的污染,尤其在西南水域,汞的污染非常严重,只有在胶州湾的湾口和湾外水域,没有受到汞的污染。胶州湾汞污染来源于海流的输送和地表径流的直接输送。表、底层的汞含量水平分布以及垂直分布展示了表、底层的汞含量水平分布趋势是一致的,水体中表层的汞含量最高在 9 月,底层汞含量最高在 10 月,而且表、底层的汞含量都没有季节的变化。通过胶州湾汞的时空分布,发现随着输入胶州湾水域的汞含量的降低和输入方式的改变,汞含量的季节变化也发生了改变。

14.2.6　1985 年研究结果

根据 1985 年 4 月、7 月和 10 月胶州湾水域调查资料,研究和分析胶州湾重金属汞的水质、平面分布、垂直分布、季节变化以及来源。结果表明:胶州湾水体中的汞含量范围为 0.029～4.950 μg/L,存在一类到超四类的海水;在 4 月,在胶州湾整个湾内水域受到汞的污染,在湾的东部和北部近岸水域受到汞的严重污染;在 7 月,受到汞的污染较重;在 10 月,受到汞的轻微污染。胶州湾水体中汞只有一个来源:由海泊河、李村河和娄山河输送,而且输送的汞浓度都非常高。表、底层汞分布的时空变化和垂直分布都表明了汞迅速沉降的重力特性,证实了汞的水域迁移过程和水域迁移机制。在胶州湾的整个湾内水域,汞的污染程度是由河流输送汞含量的多少来决定的。

14.3　汞的产生消亡过程及规律

14.3.1　含量的年份变化

根据 1979—1985 年(缺少 1984 年)胶州湾水域的调查资料,分析重金属汞在胶州湾水域的含量大小、年份变化和月份变化。研究结果表明:在 4—11 月期间,从 1979—1985 年(缺 1984 年)的每个月,胶州湾水体中的汞含量都发生了许多变化,有时在增加,有时在减少。在 4 月、7 月和 9 月,汞含量在增加;在 5 月、6 月、8 月、10 月和 11 月,汞含量都在减少。从 4—11 月胶州湾水体中的汞含量的最高值和最低值相差是 5 个数量级,表明在胶州湾水体中汞含量的变化是非常大的。在 1979—1985 年(缺 1984 年)期间,一年中,在胶州湾水体中的汞含量变化有三种类型,展示了人类活动造成了胶州湾水体中汞的严重污染,经过海水的净化过程,使水体中汞含量又恢复到原来清洁水域的要求,形成了污染、净化、又污染、又净化的反复循环的过程。当然,如果没有污染,胶州湾水体会一直保持着清洁。因此,需要减少汞的排放,这将会对改善水环境起重要作用。

14.3.2　污染源变化过程

根据 1979—1985 年(缺少 1984 年)胶州湾水域的调查资料,分析汞在胶州湾水域的水平分布和污染源变化。确定了胶州湾水域汞污染源的点源、位置、特征和变化过程。研究结果表明:在 1979—1985 年(缺 1984 年)期间,胶州湾水体中的汞来自于点污染源。胶州湾水体中,汞主要来源于河流和海流。汞的高含量污染源来自于海泊河、李村河和娄山河,其汞含量范围在 0.46～13.04 μg/L;汞污染另一个来源于湾口外的水域,其方式是外海海流输送的汞,其汞含量范围在 0.74～1.68 μg/L。而且用二个模型框图展示了汞污染源的变化过程(图 14-2):汞的重度污染源和没有污染源。

14.3.3　陆地迁移过程

根据 1979—1985 年(缺 1984 年)胶州湾水域的调查资料,分析汞在胶州湾水域的季节变化。确定了在胶州湾水域汞污染的变化过程。研究结果表明:在 1979—1985 年(缺

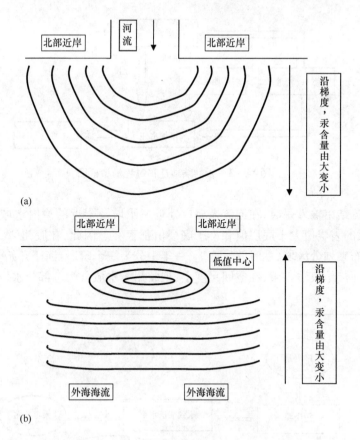

图 14－2　汞的污染源的变化过程的两个模型框图
(a)汞的严重污染源;(b)没有汞的污染源

1984 年)期间,汞有 3 个高峰值,1979 年的夏季、1980 年的秋季和 1985 年的春季。汞的高含量变化不受季节的影响,而是由汞排放源的排放量来决定的。汞的陆地迁移过程:人类对汞的施用、汞沉积于土壤和地表中、河流和地表径流把汞输入到海洋的近岸水域。用模型框图展示(图 14－3),汞从排放到大气、陆地地表及陆地水体,经过河流的输送,到达近岸水域。因此,在胶州湾,大沽河、海泊河、李村河和娄山河等从湾的东北部入海,河流将人类生产和生活中排放的大量汞输送至胶州湾水域。

14.3.4　水域迁移过程

根据 1979—1985 年(缺少 1984 年)胶州湾水域的调查资料,分析在胶州湾水域汞的垂直分布。作者提出了汞的水域迁移过程,用模型框图展示如图 14－4 所示,汞的水域迁移过程出现三个阶段:从污染源把汞输出到胶州湾水域、把汞输入到胶州湾水域的表层、汞从表层沉降到底层。研究结果表明汞的水域迁移过程为:当河流开始输入汞时,在河流入海口处近岸水域及附近的湾内水域,汞的表层值小于底层;在湾口和湾外的水域,汞的表层值大于底层。当河流大量输入汞时,在河流入海口处近岸水域及附近的湾内水域,汞的表层值大于底层;在湾口的水域,汞的表层值小于底层;在湾外的水域,汞的表层值大于

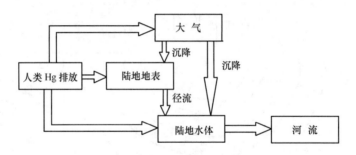

图 14 - 3　汞的陆地迁移过程模型框图

底层。当河流结束输入汞时,在河流入海口处近岸水域及附近的湾内水域以及湾口和湾外的水域,汞的表层值大于底层值和小于底层值都存在。因此,在胶州湾,汞的垂直分布按照时空分布来划分区域,在时间尺度上,一年中分为三个阶段:河流开始输入汞、河流大量输入汞和河流结束输入汞;在空间尺度上,把胶州湾水域分为三部分水域:湾内、湾口和湾外。

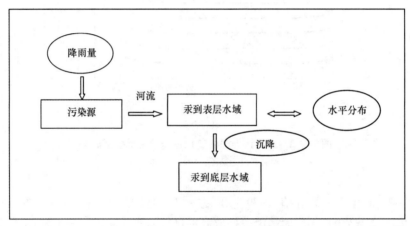

图 14 - 4　汞的水域迁移过程模型框图

14.3.5　沉降过程

根据 1979—1985 年(缺少 1984 年)的胶州湾水域调查资料,分析在胶州湾水域重金属汞的底层分布变化。研究结果表明:在胶州湾的底层水体中,底层分布具有以下特征:①在胶州湾的底层水体中,汞含量从底层比表层低得多,逐渐转变为底层比表层高。②在胶州湾的底层水体中,底层汞含量随着月份的变化在增长。③在胶州湾近岸水域,底层汞含量大于表层。④表、底层的汞含量水平分布趋势是一致的。⑤表、底层的汞含量都比较接近。⑥汞含量在湾口底层形成 1 个低值区域。因此,在胶州湾水域,汞底层分布所具有的 6 个特征表明了底层含量变化及分布状况。同时,通过水体中汞的沉降过程,展示了汞在时空变化中的迁移路径。

14.3.6 迁移规律

14.3.6.1 汞的空间迁移

根据 1979—1985 年(缺少 1984 年)对胶州湾海域水体中汞的调查分析[1-7],通过每年的研究结果发现以下规律:

(1)通过人类对汞的使用,胶州湾水域中汞的主要来源于河流的输送。

(2)胶州湾水域的汞含量大小变化,通过相应的时间段人类排放汞的多少来决定的。

(3)在胶州湾水体中汞含量的一年内变化是非常大的,最高值和最低值相差 5 个数量级。

(4)汞含量呈现了污染、净化、又污染、又净化的反复循环的过程。

(5)胶州湾水体中的汞来自于点污染源。

(6)在来源的迁移过程中,有陆地来源迁移和海洋水流来源迁移。

(7)污染源把汞输出到胶州湾水域、把汞输入到胶州湾水域的表层、汞从表层沉降到底层。

(8)在胶州湾的底层水体中,汞含量从底层比表层低得多,逐渐为底层比表层高。

(9)在胶州湾的底层水体中,底层的汞含量随着月份的变化在增长。

(10)表、底层的汞含量都比较接近,在垂直断面上分布均匀。

(11)表、底层的汞含量水平分布趋势是一致的。

(12)在有汞污染源的情况下,在河口近岸水域汞含量高,远离岸线,汞含量逐渐降低。

(13)在汞含量比较低的情况下,在湾口底层形成 1 个汞含量低值区域。

因此,随着空间的变化,以上研究结果揭示了水体中汞的迁移规律。

14.3.6.2 汞的时间迁移

根据 1979—1985 年(缺少 1984 年)对胶州湾海域水体中汞的调查分析[8-12],展示了五年期间的研究结果:在 1979—1985 年(缺 1984 年)期间,胶州湾水体中汞含量表明在一年期间变化是非常大的[8]。通过人类对汞的大量使用,展示了汞污染源的变化过程[9]。通过胶州湾沿岸水域的汞含量变化,展示了汞的陆地迁移过程:胶州湾水体中汞含量变化由胶州湾附近河流输送汞含量的大小所决定[10]。通过不同的时空区域汞的垂直分布,提出了汞的水域迁移过程,阐明了汞垂直分布的规律及原因[11]。通过汞的沉降过程,展示了汞在时空变化中的迁移路径[12]。

因此,随着时间的变化,以上研究结果揭示了水体中汞的迁移过程。

14.4 结论

根据 1979—1985 年(缺少 1984 年)的胶州湾水域调查资料,在空间的尺度上,通过每年汞的数据分析,从汞含量大小、水平分布、垂直分布和季节分布的角度,研究汞在胶州湾海域的来源、水质、分布以及迁移状况,得到了许多的迁移规律。根据 1979—1985 年(缺少1984年)胶州湾水域的调查资料,在时间的尺度上,通过五年汞数据探讨,研究重金属汞在胶州湾水域的变化过程,得到了以下研究结果:①汞含量的年份变化;②污染源变化过程;③陆地迁移过程;④水域迁移过程;⑤沉降过程。这些规律和变化过程为研究汞在水体中的迁移提供了可靠的理论依据,也为其他重金属在水体中的迁移研究给予启迪。

在工业、农业、城市生活迅速发展的过程中,人类大量使用了汞,造成了环境汞污染。一方面,汞污染了生物,在一切生物体内累积,而且,通过食物链的传递,进行富集放大,最后连人类自身都受到重金属汞毒性的危害;另一方面,汞污染了环境,经过河流和地表径流输送,污染了陆地、江、河、湖泊和海洋,最后污染了人类生活的环境,危害了人类的健康。因此,人类不能为了自己的利益,既危害了地球上其他生物,又危害到自身安全。人类要减少对赖以生存的地球排放和污染,要顺应大自然规律,才能够健康可持续地生活。

参考文献

[1] 张淑美,庞学忠,郑舜琴. 胶州湾潮间带区海水中汞含量[J]. 海洋科学,1987,6 (2):35 – 36.

[2] 吕小乔,孙秉一,史致丽. 胶州湾中汞的含量及其形态的分布规律[J]. 青岛海洋大学学报,1990, 20(4):107 – 114.

[3] 柴松芳. 胶州湾海水总汞含量及其分布特征[J]. 黄渤海海洋. 1998,16(4):60 – 63.

[4] 杨东方,高振会. 海湾生态学[M]. 北京:中国教育文化出版社,2006,1 – 291

[5] Chen Yu, Gao Zhenhui , Qu Yanheng, et al. Mercury distribution in the Jiaozhou Bay[J]. Chin. J. Oceanol. Limnol. 2007, 25(4): 455 – 458.

[6] 杨东方,曹海荣,高振会,等. 胶州湾水体重金属汞Ⅰ. 分布和迁移[J]. 海洋环境科学,2008, 27(1): 37 – 39.

[7] 杨东方,苗振清. 海湾生态学(上册)[M]. 北京:海洋出版社,2010,1 – 320.

[8] 杨东方,高振会. 海湾生态学(下册)[M]. 北京:海洋出版社,2010,321 – 650.

[9] 杨东方,王磊磊,高振会,等. 胶州湾水体重金属汞Ⅱ. 分布和污染源[J]. 海洋环境科学,2009, 28(5):501 – 505 .

[10] 杨东方,苗振清. 胶州湾环境的分布状况及季节变化[M]. 北京:海洋出版社出版,2012, 1 – 115.

[11] 陈豫,张饮江,郭军辉,等. 胶州湾水体重金属汞的分布和季节变化[J]. 海洋开发与管理,2013, 30(6):81 – 83.

[12] 杨东方,孙培艳,鞠莲,等. 胶州湾水域重金属汞的质量浓度和分布[J]. 海岸工程,2013, 32(4):65 – 76.

[13] 国家海洋局. 海洋监测规范[Z]. 北京:海洋出版社,1991.

[14] 杨东方,王凡,高振会,等. 胶州湾浮游游藻类生态现象[J]. 海洋科学,2004,28(6):71 – 74.

主要相关文章

1. Chen Yu, Gao Zhenhui , Qu Yanheng, Yang Dongfang and Tang Hongxia. Mercury distribution in the Jiaozhou Bay[J]. Chin. J. Oceanol. Limnol. 2007, 25(4): 455 – 458.

2. 杨东方,曹海荣,高振会,卢青,曲延峰. 胶州湾水体重金属汞Ⅰ. 分布和迁移[J]. 海洋环境科学, 2008,27(1): 37 – 39.

3. 杨东方,王磊磊,高振会,鞠莲,曾继平. 胶州湾水体重金属汞Ⅱ. 分布和污染源[J]. 海洋环境科学, 2009,28(5):501 – 505 .

4. 陈豫,张饮江,郭军辉,石强,杨东方. 胶州湾水体重金属汞的分布和季节变化[J]. 海洋开发与管理, 2013, 30(6): 81 – 83.

5. 杨东方,孙培艳,鞠莲,赵玉慧,曲延峰. 胶州湾水域重金属汞的质量浓度和分布[J]. 海岸工程, 2013, 32(4): 65 – 76.

6. 杨东方,徐子钧,曲延峰,周艳荣,滕菲. 胶州湾水体重金属汞的分布和输入方式[J]. 海岸工程, 2014, 33(1):67 – 78.

7. Yu Chen, Yanfeng Qu, Renlin Pei and Dongfang Yang. Effect of Hg in Jiaozhou Bay waters – The aquatic transfer process[J]. Advanced Materials Research Vols. 955 – 959. 2014, 2491 – 2495.

8. Dongfang Yang, Sixi Zhu, Fengyou Wang, XiuqinYang and Yunjie Wu. Effect of Hg in Jiaozhou Bay waters – The land transfer process[J]. Advanced Materials Research Vols. 955 – 959. 2014, 2496 – 2500.

9. Dongfang Yang, Sixi. Zhu, Fengyou Wang, Huazhoung He and Yunjie Wu. Effect of Hg in Jiaozhou Bay waters – The Temporal variation of the Hg content[J]. Applied Mechanics and Materials Vols. 556 – 562. 2014, 633 – 636.

10. Dongfang Yang, Fengyou Wang, Huazhong He, Youfu Wu and Sixi Zhu. Effect of Hg in Jiaozhou Bay waters – The change process of the Hg pollution sources[J]. Advanced Materials Research Vols. 955 – 959. 2014, 1443 – 1447.

11. 杨东方,耿晓,曲延峰,白红妍,徐子钧. 胶州湾水体重金属汞的分布和重力特性[J]. 海洋开发与管理, 2014, 31(7).

致　　谢

细大尽力,莫敢怠荒,远迩辟隐,专务肃庄,端直敦忠,事业有常。

——《史记,秦始皇本纪》

此书得以完成,应该感谢北海监测中心主任崔文林研究员以及北海监测中心的全体同仁;感谢上海海洋大学院长李家乐教授;感谢贵州民族大学书记王凤友教授。是诸位给予的大力支持,并提供良好的研究环境,成为我们科研事业发展的动力引擎。

在此书付梓之际,我诚挚感谢给予许多热心指点和有益传授的吴永森教授,使我开阔了视野和思路,在此表示深深的谢意和祝福。

许多同学和同事在我的研究工作中给予了许多很好的建议和有益帮助。在此表示衷心的感谢和祝福。

《海洋环境科学》编辑部:韦兴平教授、韩福荣教授和张浩老师;《海岸工程》编辑部:吴永森教授、杜素兰教授、孙亚涛老师;《海洋科学》编辑部:张培新教授、梁德海教授、刘珊珊教授、谭雪静老师。正是众多的无名英雄在辛勤地为我做嫁衣,在我的研究工作和论文撰写过程中都给予许多的指导,并做了精心的修改,此书才得以问世,在此表示衷心的感谢和深深的祝福。

今天,我所完成的研究工作,也是以上提及的诸位共同努力的结果,我心中感激大家,敬重大家,愿善良、博爱、自由和平等恩泽给每个人。愿国家富强、民族昌盛、国民幸福、社会繁荣。谨借此书面世之机,向所有培养、关心、理解、帮助和支持我的人表示深深的谢意和衷心的祝福。

沧海桑田,日月穿梭。抬眼望,千里尽收,祖国在心间。

杨东方　陈豫

2015 年 10 月 10 日